高 等 学 校 规 划 教 材

环境污染修复技术与案例

亢　涵　王宇佳　林　晔　主编

化 学 工 业 出 版 社

·北京·

内容简介

《环境污染修复技术与案例》以生态文明建设引领高质量发展为指引，主要介绍了地表水体污染、地下水体污染、土壤污染和大气污染的防治与修复等内容，在讲述理论基础知识的同时，结合污染水体、土壤、大气的修复案例，将理论与实践紧密结合，让读者深入理解和掌握书中的理论知识和应用实例。

本书可作为环境工程、环境生态工程、市政工程、环境科学等专业的教学教材，可为相关科学研究或治理工作提供理论与技术支持，还可以供环境保护、环境污染治理、环境生态修复等专业的技术人员在工程设计和工程实践中参考。

图书在版编目（CIP）数据

环境污染修复技术与案例/亢涵，王宇佳，林晔
主编.—北京：化学工业出版社，2022.5（2024.9重印）
高等学校规划教材
ISBN 978-7-122-40841-9

Ⅰ.①环… Ⅱ.①亢…②王…③林… Ⅲ.①环境
污染-污染控制-生态恢复-高等学校-教材 Ⅳ.①X506

中国版本图书馆 CIP 数据核字（2022）第 033464 号

责任编辑：满悦芝　　　　　　　　　　文字编辑：刘洋洋
责任校对：李雨晴　　　　　　　　　　装帧设计：张　辉

出版发行：化学工业出版社（北京市东城区青年湖南街 13 号　邮政编码 100011）
印　　装：涿州市般润文化传播有限公司
787mm×1092mm　1/16　印张 8¼　字数 195 千字　2024 年 9 月北京第 1 版第 4 次印刷

购书咨询：010-64518888　　　　　　　售后服务：010-64518899
网　　址：http://www.cip.com.cn
凡购买本书，如有缺损质量问题，本社销售中心负责调换。

前　言

　　进入 21 世纪以来，我国科学技术不断创新，工业产业不断发展，城镇化不断扩大，人民的物质生活条件越来越好，但局部环境却由于各种污染有恶化的可能。党的二十大报告指出，大自然是人类赖以生存发展的基本条件。尊重自然、顺应自然、保护自然，是全面建设社会主义现代化国家的内在要求。必须牢固树立和践行绿水青山就是金山银山的理念，站在人与自然和谐共生的高度谋划发展。我们要推进美丽中国建设，坚持山水林田湖草沙一体化保护和系统治理，统筹产业结构调整、污染治理、生态保护、应对气候变化，协同推进降碳、减污、扩绿、增长，推进生态优先、节约集约、绿色低碳发展。对于环境污染的修复与治理成为生态环境保护建设的工作重点之一。

　　为了适应新时代污染防治方面的要求，《环境污染修复技术与案例》的内容涉及地表水体污染、地下水体污染、土壤污染和大气污染的防治与修复等内容，在讲述理论基础知识的同时，结合污染水体、土壤、大气的修复案例，将理论与实践紧密结合，让读者在学习的过程中，深入理解和掌握书中的理论知识和应用实例，为将来进行相关科学研究或治理工作提供理论与技术支持，为工程设计提供理论依据与设计参考。

　　本书共分 6 章，第 1 章、第 2 章、第 4 章以及第 6 章中的第 1 节和第 3 节由沈阳建筑大学亢涵、高荣耀编写，第 3 章和第 6 章中的第 2 节由沈阳建筑大学王宇佳、李冠恒、史超、张金铭编写，第 5 章和第 6 章中的第 4 节由沈阳建筑大学林晔、张明月、张颖、王超编写。全书由亢涵、王宇佳、林晔统编定稿，由亢涵审核。

　　本书撰写过程中参考了国内外多位学者已发表的科技论文、硕博毕业论文、专著、教材等研究成果，编者向这些学者表示深深的敬意与感谢，感谢你们的辛勤劳作成果，为本书的编写提供了大量的撰写素材与技术支持。感谢沈阳建筑大学市政与环境工程学院对教材撰写工作的大力支持，也感谢其他对本书撰写提供了帮助的相关人士。

　　由于编者的编写水平、时间有限，如果书中存在疏漏之处，敬请各位读者批评指正，感谢各位读者的关注与支持。

编者
2023 年 7 月

目 录

第一章 绪论

第二章 土壤污染修复

第三章　地表水体污染处理修复技术

第四章　地下水污染防治与修复

第五章　大气污染修复

第六章　环境污染修复工程设计

第一章 绪 论

第一节 环境污染简介

随着经济和人口的快速增长，城市化和工业化进程的不断加快，人类生存环境的污染也在逐渐加剧，环境污染严重影响人类的健康及国家的可持续性发展。

一、环境污染的定义

环境污染是指由于自然或人为的原因，使环境（大气、土壤、水体等）中某种或某些物质远高于该物质在自然环境中的本底值，且超过自然环境的自净能力，导致环境质量下降、生态系统紊乱以及损害生物健康的现象。

二、环境污染的类型及来源

根据环境要素分类，环境污染包括：大气污染、水体污染、土壤污染、噪声污染、振动污染、放射性污染、电磁辐射污染、热污染和光污染等。其中，噪声污染、振动污染、放射性污染、电磁辐射污染、热污染和光污染属于物理性污染，不在本书的阐述范畴。本书主要涉及的环境污染为水体污染、土壤污染、大气污染这三种。

1. 水体污染

水体污染主要是指人类活动排放的污染物进入水体，引起水质下降，利用价值降低或丧失的现象。污水和废水向水体中排放是导致水体污染的主要原因，除此之外还包括自然因素造成的水体污染，比如岩石风化和水解、火山喷发等。

GB 6816—86《水质 词汇 第一部分和第二部分》中定义了废水和污水。废水（waste water）是指生产过程中使用后排放的或产生的水，这种水对该过程无进一步直接利用的价值。污水（sewage）是指来自居住区的生活污水，水流中夹带和溶解着许多废弃物质。根据来源不同，可将污水分为：工业废水、市政污水、农业污废水。

工业废水是指工业生产过程中产生的废水和废液，包括生产废水、生产污水及冷却水等。不同工业产出的废水中污染成分各不相同。比如农药废水中含有大量有毒的有机化合物；印染废水中含有大量有机污染物，碱性大；石化工厂废水中含有大量油脂；化工厂废水含有酸性或碱性化合物等等。

市政污水一般由生活污水和城市径流水组成，如果城市中建有工厂，还应包含工业废水。生活污水主要来自家庭、机关、商业和城市公用设施。其中主要是粪便和洗涤污水，其水量水质具有明显的昼夜周期性和季节周期变化的特点。城市径流污水是雨雪淋洗城市大气污染物和冲洗建筑物、地面而形成的。这种污水在降雨初期含有的污染物浓度很高，随着降雨时间增加，污染物浓度会逐渐降低。工业废水也有上述特征。城市污水中普遍含有有机污染物（用 COD 和 BOD_5 表示），包括烃类、蛋白质、氨基酸、脂肪酸、油脂、酯类等物质。

农业污废水包括农业污水和农业废水。农业污水是指农牧业生产排出的污水以及降水或是灌溉水流过农田或经农田渗漏排出的水，其中含有氮肥、磷肥、钾肥和高残留难降解污染物质。农业废水是农作物栽培、牲畜饲养、农产品加工等过程排出的废水，主要分为农田排水、饲养场排水、农产品加工废水等。截止到 2018 年，我国农村污水排放量大约为 230 亿吨，且仍在持续增加，同比增长 7.5%。农村污水污染农村地区水体，污染土地，破坏农村自然生态环境，有可能造成严重危害。因此，《全国农村环境综合整治"十三五"规划》提出，2020 年我国农村污水处理率要达到 30% 以上，农村污水治理产值达到 844 亿元，并预计在 2035 年产值将达到 1305 亿元，处理率达到 58%。

2. 土壤污染

土壤污染是人类活动产生的污染物进入土壤并超出土壤自净能力，当污染物积累到一定程度，引起土壤质量恶化的现象。

造成土壤污染的物质有以下四类。

（1）化学污染物　一般指进入土壤后会造成污染的化学物质。如 DDT、多氯联苯、重铬酸钾、丙烯腈及氯乙烯等。

（2）物理污染物　一般指生产生活中产生的固体废物，如生活垃圾、废矿废渣以及工业废料等。

（3）生物污染物　指含有致病微生物及其他有害的生物体的污染物质，其中含有病毒、细菌、寄生虫卵等各种致病体。

（4）放射性污染物　指各种放射性核素。放射性核素进入土壤中后，会被动物或者植物富集，某些动植物特别是一些水生生物体内的放射性核素含量比环境中的高很多，存在严重的安全隐患。

污染物进入土壤的途径是多样的。废气中含有的颗粒污染物，在重力作用下沉降到地面进入土壤；乱排乱放的废水，携带大量污染物直接渗透进入土壤；固体废物中的污染物，通过填埋进入土壤，部分固体废物在垃圾填埋场处理过程中可产生渗滤液，一旦泄漏就可直接进入土壤。

3. 大气污染

大气污染是由于人类活动或自然过程引起某些物质进入大气中，呈现出足够的浓度，达到足够的时间，并因此危害了人体的舒适、健康和福利或危害了环境的现象。

造成大气污染的物质主要有气溶胶状态污染物和气体状态污染物两大类。

（1）气溶胶状态污染物　是指固体粒子、液体粒子或它们在气体介质中的悬浮体，直径为 $0.002\sim100\mu m$。大气气溶胶中各种粒子按其粒径从大到小可以分为：

① 总悬浮颗粒物（TSP）：悬浮在空气中，空气动力学直径在 $100\mu m$ 以下的颗粒物，为大气质量评价中一个通用的重要污染指标。

② 飘尘：能在大气中长期飘浮的悬浮物质，其粒径通常小于 $10\mu m$。

③ 降尘：用降尘罐采集到的大气颗粒物，其粒径一般大于 $30\mu m$。单位面积降尘可作为评价大气污染程度的指标之一。

④ 可吸入粒子（IP、PM_{10}）：国际标准化组织（ISO）建议将 IP 定义为粒径 $10\mu m$ 以下的粒子。

⑤ $PM_{2.5}$（particulate matter）：直径小于或等于 $2.5\mu m$ 的颗粒物。

（2）气体状态污染物　主要有以二氧化硫为主的硫氧化合物，以二氧化氮为主的氮氧化合物，以一氧化碳为主的碳氧化合物以及碳、氢结合的碳氢化合物（烃类）。大气中不仅含无机污染物，还含有机污染物。

① 硫氧化合物：主要指二氧化硫和三氧化硫。

② 氮的氧化物：种类很多，是 NO、NO_2、N_2O、NO_3、N_2O_4、N_2O_5 等氮氧化物的总称。造成大气污染的氮氧化物主要是 NO 和 NO_2。

③ 碳的氧化物：主要是一氧化碳和二氧化碳。

④ 碳氢化合物（HC）：又称烃类，是形成光化学烟雾的前体物，通常是指 $C_1 \sim C_8$ 可挥发的所有碳氢化合物。分为甲烷烃和非甲烷烃两类。

⑤ 含卤素化合物：包括卤代烃、氟化物、其他含氯化合物。卤代烃有三氯甲烷（$CHCl_3$）、氯乙烷（C_2H_5Cl）、四氯化碳（CCl_4）等；氟化物包括氟化氢（HF）、氟化硅（SiF_4）等；含氯无机物主要是氯气和氯化氢。

三、环境污染的危害

环境污染导致生态系统遭到破坏等，甚至失去其原有的生态服务功能，出现如沙漠化、森林破坏等，也会给生态系统和人类社会造成间接的危害，有时这种间接的环境效应的危害比当时造成的直接危害更大，也更难消除。例如，温室效应、酸雨和臭氧层破坏就是由大气污染衍生出的环境效应。

这种由环境污染衍生的环境效应具有滞后性，往往在污染发生时不易被察觉或预料到，然而一旦发生就表示环境污染已经发展到相当严重的地步。当然，环境污染的最直接、最容易被人所感受的后果是使人类生存环境的质量下降，影响人类的生活质量、身体健康和生产活动。例如城市的空气污染造成空气污浊，人们呼吸系统疾病的发病率上升等；水污染使水环境质量恶化，饮用水源的质量普遍下降，威胁人的身体健康，引起胎儿早产或畸形等。

第二节　环境修复概述

一、环境修复的定义

环境修复是指对被污染的环境采取物理、化学和生物学技术措施，使存在于环境中的污染物质浓度减少或毒性降低或完全无害化。

二、环境修复的分类

依照环境修复的对象可以将环境修复分为水体环境修复、土壤环境修复、大气环境修复等类型。

1. 土壤环境修复

土壤环境修复就是对被污染土壤实施修复，以阻断污染物进入土壤环境中，阻止土壤环境继续恶化，甚至恢复到原来的正常状态，促进土地资源的保护与可持续发展。

根据处理土壤的位置是否改变，土壤环境修复技术可分为原位修复和异位修复两种。原位修复就是不移动土壤，在原地进行修复；异位修复需要将土壤挖出来后再进行修复。两种修复技术各有优缺点，需要先查明具体的污染物质成分，进行对比和商议之后，有针对性地选择适合的修复技术和方案。与原位修复技术相比，异位修复技术的环境风险较低，系统处理的预测性高于原位修复。

2. 水体环境修复

这里提到的水体包含地表水和地下水，地表水是指地面上可见的河流、湖泊、海洋等，而地下水就是指贮存于地面以下岩石空隙中的水。水体受到污染之后，可以自我更新，但一般时间较长。比如河流自我更新一次需要 16 天左右，湖泊需要 17 年，海洋则需要 2650 年。因此，水体修复不能只依靠水体自身的修复能力，还需要人为利用物理的、化学的、生物的和生态的方法减少存在于水环境中有毒有害物质的浓度或使其完全无害化。

3. 大气环境修复

空气质量与人类生活息息相关。大气中的 $PM_{2.5}$ 能较长时间悬浮于空气中，其在空气中浓度越高，就代表空气污染越严重，就是大家常说的"雾霾"。修复大气环境，就要控制污染源头，比如发电、冶金、石油、化学、纺织印染等各种工业过程和供热、烹调过程中燃煤与燃气或燃油排放的烟尘，以及各类交通工具在运行过程中使用燃料时向大气中排放的尾气等等。目前可以采取一定的措施（包括物理、化学和生物的方法）来减少大气环境中的颗粒物质及有毒有害化合物。

三、环境修复的难点

（1）理论与实际脱节　部分科研与工程应用存在脱节现象，有些开发者与应用者缺乏沟通，无法互相了解彼此需要的技术或方法，导致一些研发出来的技术无法用于解决实际问题。部分科研工作者的研究定位偏重基础研究或重复性工作，没有针对实际需求做研究；而个别修复企业对科技的认识存在一定偏差，没有真正重视科技的价值。

（2）修复技术的装备化、标准化欠缺　我国目前没有成熟的修复技术一体化装置，目前仍然需要靠修复企业依靠以往实践经验，自己建设、组装和调适修复设备，这导致修复工程项目工期延长，前期调试期较长等诸多不便。因此，亟待开发出能够统一化、标准化、一体化的修复技术装备。

（3）修复技术可能造成二次污染　环境修复的初衷是将受污染的环境恢复到原来的状态，在修复过程中使用的化学药剂、生物处理投加的微生物、固体辅助性物质等，虽然在地面上并不存在毒害性，但一旦埋入土壤或者进入地下水中，在密封厌氧的条件下，很可能与土壤或水体中的某些未知物质发生反应，产生有毒有害物质，且在土壤和地下水中累积，造成新的二次污染。

第三节　环境污染的管理与政策

一、环境保护法规

习近平总书记强调："不能因为经济发展遇到一点困难，就开始动铺摊子上项目、以牺牲环境换取经济增长的念头。"并提出"绿水青山，就是金山银山"的发展理念。为了保护子孙赖以生存的生态环境，全国人大及其常务委员会制定了一系列有关环境保护方面的法律，国务院制定了相关行政法规，出台相关行政措施，发布了一系列决定或命令，主要包括《中华人民共和国环境保护法》《中华人民共和国大气污染防治法》《中华人民共和国水污染防治法》《中华人民共和国海洋环境保护法》《中华人民共和国固体废物污染环境防治法》，以及《放射性同位素与射线装置放射防护条例》等。

与此同时，最高人民法院、最高人民检察院对《中华人民共和国刑法修正案（八）》罪名做出补充规定，取消原"重大环境污染事故罪"罪名，改为"污染环境罪"，从 2011 年 5 月 1 日起施行。"污染环境罪"具体的内容包括"违反国家规定，排放、倾倒或者处置有放射性的废物、含传染病病原体的废物、有毒物质或者其他有害物质，严重污染环境的，处三年以下有期徒刑或者拘役，并处或者单处罚金，后果特别严重的，处三年以上七年以下有期徒刑，并处罚金。"

根据《最高人民检察院　公安部关于公安机关管辖的刑事案件立案追诉标准的规定（一）》第六十条的规定，违反国家规定，向土地、水体、大气排放、倾倒或者处置有放射性的废物、含传染病病原体的废物、有毒物质或者其他危险废物，造成重大环境污染事故的，应予立案追诉。

其他与保护环境相关的法律法规还有《污染地块土壤环境管理办法（试行）》《中华人民共和国水法》《中华人民共和国噪声污染防治法》等。

二、环境管理制度

1. 环境管理的定义

环境管理是指人类为解决现实或潜在的环境问题，协调人类与环境的关系，保护人类的生存环境，保障经济社会的可持续发展而采取的各种行动的管理措施。

环境管理是国家环境保护部门的基本职能是国家环境保护部门运用经济、法律、技术、行政、教育等手段，限制和控制人类损害环境质量、协调社会经济发展与保护环境、维护生态平衡关系的一系列活动。环境管理的目的是在于保证经济得到长期稳定增长的同时，使人类有一个良好的生存和生产环境。

2. 环境管理的研究内容

环境管理涉及社会、经济、政治、科技等多领域，研究内容涉及大气、水体、土壤和生物等，是一门综合性学科。其研究内容主要有：

（1）环境计划的管理　环境计划包括工业交通污染防治计划、城市污染控制计划、流域污染控制计划、自然环境保护计划，以及环境科学技术发展计划、宣传教育计划等，还包括调查、评价特定区域的环境状况的基础区域环境规划。

（2）环境质量的管理　主要有组织制定各种质量标准、各类污染物排放标准和监督检查工作，组织调查、监测和评价环境质量状况以及预测环境质量变化趋势。

（3）环境技术的管理　主要包括确定环境污染和破坏的防治技术路线和技术政策，确定环境科学技术发展方向，组织环境保护的技术咨询和情报服务，组织国内和国际的环境科学技术合作交流等。

三、中国环境标准体系

1. 环境质量标准

环境质量标准是环境管理部门的执法依据，环境质量标准的设立要同时考虑环境安全、社会经济效益、国家未来发展等多方面，按照不同目的和要求，规定各种污染物在环境中的容许含量。环境质量标准分为国家环境质量标准和地方环境质量标准。根据对环境质量的不同要求，分为一级、二级、三级环境质量标准。

（1）环境空气质量标准　环境空气质量标准分为三级。一级标准是为保护自然生态和人群健康，在长期接触情况下，不发生任何危害影响的空气质量要求。二级标准是为保护人群健康和城市、乡村的动植物，在长期和短期接触情况下不发生伤害的空气质量要求。三级标准是为保护人群不发生急、慢性中毒，保证城市一般动植物（敏感者除外）正常生长的空气质量要求。

（2）地面水环境质量标准　依据地面水水域使用目的和保护目标将水域功能划分为五类。

Ⅰ类：主要适用于源头水、国家自然保护区。

Ⅱ类：主要适用于集中式生活饮用水水源地一级保护区、珍贵鱼类保护区、鱼虾产卵场等。

Ⅲ类：主要适用于集中生活饮用水水源二级保护区、一般鱼类保护区及游泳区。

Ⅳ类：主要适用于一般工业用水及人体非直接接触的娱乐用水区。

Ⅴ类：主要适用于农业用水及一般景观要求水域。

同一水域兼有多类功能的，依最高功能划分类别，有季节性功能的，可分季划分类别。

（3）噪声标准　由于噪声来源不同，应用环境不同，噪声标准的种类也较多。目前比较常见的噪声标准包括：《声环境质量标准》（GB 3096—2008）、《内河船舶噪声级规定》（GB 5980—2009）、《机场周围飞机噪声环境标准》（GB 9660—88）、《工业企业厂界环境噪声排放标准》（GB 12348—2008）、《建筑施工场界环境噪声排放标准》（GB 12523—2011）、《铁路边界噪声限值及其测量方法》（GB 12525—90）、《城市轨道交通车站站台声学要求和测量方法》（GB/T 14227—2006）、《摩托车和轻便摩托车加速行驶噪声限值及测量方法》（GB 16169—2005）、《摩托车和轻便摩托车定置噪声排放限值及测量方法》（GB 4569—2005）、《汽车定置噪声限值》（GB 16170—1996）。

2. 污染物排放标准

为了保护环境，防止污染物质无节制地进入环境，破坏环境基本功能，制定了起限制性作用的污染物排放标准。污染物排放标准主要分为废水排放标准、废气排放标准和固体废物排放标准等。

（1）废水排放标准 目前的废水排放标准分为污水综合排放标准和行业排放标准，这两类标准不交叉执行。造纸工业、船舶工业、海洋石油开发工业、纺织染整工业、肉类加工工业、合成氨工业、钢铁工业、航天推进剂使用、兵器工业、磷肥工业、烧碱、聚氯乙烯工业所排放的污水执行相应的国家行业标准，其他一切排放污水的单位一律执行《污水综合排放标准》（GB 8978—1996）。

（2）废气排放标准 废气排放依据的国家标准有《大气污染物综合排放标准》（GB 16297—1996）、《锅炉大气污染物排放标准》（GB 13271—2014）、《工业炉窑大气污染物排放标准》（GB 9078—1996）、《火电厂大气污染物排放标准》（GB 13223—2011）、《水泥工业大气污染物排放标准》（GB 4915—2013）、《炼焦化学工业污染物排放标准》（GB 16171—2012）、各类机动车排气污染物排放标准等。

（3）固体废物排放标准 目前，我国现行的固体废物控制标准有《危险废物焚烧污染控制标准》（GB 18484—2020）、《危险废物贮存污染控制标准》（GB 18597—2001）、《危险废物填埋污染控制标准》（GB 18598—2019）、《生活垃圾焚烧污染控制标准》（GB 18485—2014）、《生活垃圾填埋场污染控制标准》（GB 16889—2008）、《一般工业固体废物贮存和填埋污染控制标准》（GB 18599—2020）、《含多氯联苯废物污染控制标准》（GB 13015—2017）等。

参考文献

[1] 陈晶中，陈杰，谢学俭，等.土壤污染及其环境效应 [J].土壤，2003，35（4）：298-303.
[2] 毛龙飞.化工企业中的环保管理 [J].化工设计通讯，2016，42（4）：232-233.
[3] 李永涛，吴启堂.土壤污染治理方法研究 [J].农业环境科学学报，1997（3）：118-122.
[4] 杨景辉.土壤污染与防治 [M].北京：科学出版社，1995.
[5] 朱洪法.环境保护辞典 [M].北京：金盾出版社，2009：189.
[6] 朱荫湄，周启星.土壤污染与我国农业环境保护的现状、理论和展望 [J].土壤通报，1999，30（3）：132-135.

第二章　土壤污染修复

在全球工业及农业技术高速发展的现在，一些环境问题也逐渐显现出来，并日益严重，土壤污染就是其中之一。伴随着工业及农业产业的发展，大量的化学类、生物类等伴生或衍生污染物排入土壤中，对土壤环境造成了严重的污染，土壤的污染也给人类健康造成危害。同时，人类对土地过度开发利用已经导致全球生物地球化学循环发生改变，加快了土壤性质的变化，导致各地出现严重的土壤退化现象。土壤污染问题受到社会各界的普遍关注，政府和相关机构实行了一系列防治和修复土壤污染的有效措施，但这还远远不够。探索如何从根本上保持和保护土壤环境，通过哪些技术手段修复和改善土壤环境仍是未来研究与发展的大方向。

第一节　土壤污染概述

一、土壤污染的定义

随着现代工农业生产的发展，化肥、农药大量使用，工业生产废水排入农田，城市污水及废物不断排入水体和土壤。在每天都有源源不断的污染物质进入到土壤的情况下，有些地区的土壤状况仍然良好，而有些地区的土壤情况却逐渐恶化，为什么会出现这种差异呢？这是因为土壤本身具有一定的自净能力，可以分解部分污染物质，而土壤环境具有一定的承受容量，可以容纳一定数量的污染物质。但当环境污染物数量和进入速度超过了土壤的承受容量和净化速度时，土壤的自然动态平衡就遭到破坏，导致土壤质量下降，出现土壤被污染的现象。

英国皇家环境污染专门委员会（RCEP）认为：污染土地是指人类活动引起的物质和能量输入土地，并引起土地结构或"和谐"受到损害，人类健康受到伤害，资源和生态系统受到破坏，对环境的合理使用受到干扰。其中输入环境的污染物质成为污染物，只是指当其分布、浓度和物理行为能导致令人不快的或有害的后果时。

美国国家环保署通过多种效应来认识和鉴别"污染土地"，具体如下：

（1）人体健康效应　正在对人体健康产生显著危害或引起这种危害的可能性很大，其中这里的显著"危害"主要是指死亡、疾病、严重伤害、基因突变、先天性致残或对人的生殖功能造成损害等不良健康效应。

　　（2）动物或作物效应　正在对动植物生长发育和繁殖产生显著危害或引起这种危害的可能性很大，包括导致家畜、野生动物、作物或其他生命体的死亡、疾病或其他物理损害。

　　（3）水污染效应　正在导致主要水体受到污染或可能受到污染，也就是说，只要存在与该土壤接触的各种水体（包括地下水和地表水），均存在受到污染的风险。

　　（4）生态系统效应　正在显著地影响或危害生态系统其他重要组分，而且这种危害使生态系统功能产生不可逆转的不良变化，涉及对特有或珍稀生物物种的不良效应。

　　（5）"财产损失"效应　主要是指对人类拥有的各种财产的损害作用，如对建筑物结构的损害、对房产占有权的干扰等。

　　此外，美国国家环保署认为，尽管土壤中存在有害物质，如果不产生危害，或者通过适当控制不产生危害，该土地就可以认为没有受到污染。但其忽略了有些危害是潜在的，在短时间内人们无法察觉或者发现这些潜在危害，而污染物质长年累月在土壤中的累积，势必会"量变引发质变"，可能会造成未知的和不可控的长期危害。

　　在定义"土壤污染"时，要抓住几个关键点。第一是污染物质的来源，这些污染物质来自人类活动（如生产、生活）。第二是污染物质的数量，某些污染物质进入土壤中的数量较少，可以被土壤分解与消化，而一旦污染物质数量超过了土壤环境可接纳的容量，就会出现污染。第三是污染物质的危害，某些农药类污染物质对植物、动物有强烈的毒害作用，破坏了土壤内部与生物圈的生态平衡，造成深远的危害。因此，土壤污染的定义为：人为地将对生物机体与生态环境有害的物质，以超出土壤自净能力与土壤环境容纳量的投加量投入到土壤中，引起土壤质量与生态环境遭到破坏的现象。

二、土壤污染现状

1. 土壤污染地区差异明显

　　我国地域辽阔，土壤污染情况地区差异明显。我国西北部地区土壤环境较好，生产的粮食和农产品品质高、质量安全，例如内蒙古和新疆地区，而中南地区的土壤污染情况相比北方地区严重。中南地区由于经济发达和工业密集，有时土壤中重金属污染情况严重，加之土壤中本身含有丰富的重金属，有可能导致重金属含量严重超标。所以，土壤污染呈现地区差异明显的特征，在工业密集的中南部地区土壤污染情况较为严重。

2. 农业用地污染是土壤污染的重要部分

　　农业用地是粮食、蔬菜等重要物资的来源，农业用地遭受严重污染会造成粮食、蔬菜减产，甚至会生产出有毒粮食和有毒蔬菜。我国农业用地污染，呈现出有机污染和无机污染复合的现状，有机污染主要来自不合理使用化肥、农药以及畜禽养殖废水的不合理排放。相比而言无机污染物是主要的污染来源，无机污染物中又以镉为主。虽然土壤有一定的自净能力，但是有时污染情况远远超出土壤的自净能力，农业用地土壤的污染，有威胁到粮食蔬菜安全和人类生命健康的风险。

3. 复合污染和污染扩散现象

　　土壤污染呈现复合污染特征，无机污染和有机污染相复合。无机污染主要是重金属污染，主要重金属污染物包括镉、汞、砷、铬、镍等；有机污染主要以有机废水和有机固体污染为主，有机污染主要来自农业生产大量使用化肥、农药和畜禽养殖业产生的大量有机废水和排泄物。同时我国土壤污染的扩散趋势具体表现为：地表污染向地下扩散，城市污染向农村扩散，工业污染向农业扩散。由于土壤污染呈现复合污染和扩散现象，给防治工作带来难度。

三、土壤污染物的来源与类型

（一）土壤污染物的来源

土壤污染物可分为天然污染物和人为污染物。天然污染物是指自然界自行向环境排放的有害物质或造成有害影响的污染物质，比如火山喷发出来的岩浆、从地质层中释放到地下水中的重金属化合物等。人为污染物是指人类生产、生活等行为产生的污染物质。人为污染物是造成土壤污染的主要原因，是土壤污染修复的主要对象。

污染物质可通过多种途径进入土壤。最常见的进入方式有以下几种。

1. 大气沉降

锻造、冶炼和焚烧会产生含硫化合物气体，化工厂与冶炼厂会产生含有多环芳烃、二噁英等有机污染物颗粒的废气，这些物质通过降雨或在重力作用下，沉降到地面进入土壤，导致土壤酸化和有机物污染。

2. 污水排灌

生活和生产污水中含有大量重金属与有机污染物质，如果将未经处理的污水直接排入土壤，其中的污染物会渗透入土壤中，导致土壤质量下降，降低作物产量及品质。同时农作物会吸收土壤中的重金属污染物并在体内累积，有可能导致食用这些农作物的人类与动物中毒，甚至死亡。

3. 化肥农药施用

为了增加农作物产量，农业种植需要施用大量的农药和化肥。然而被施用的农药和化肥中，有时只有小部分被农作物吸收，大部分则进入土壤与水体中，造成土壤有机质含量下降，破坏土壤中原生菌群，甚至毒害生活于土壤上的人类与动植物等。

4. 固体废物堆放

固体废物在堆放和填埋过程中，由于压实、发酵等生物化学降解作用，不可避免地产生渗滤液。渗滤液成分复杂，含有多种有毒有害的有机物和无机物，COD 浓度很高，其中含有难以生物降解的萘、菲等非氯化芳香族化合物、氯化芳香族化物、磷酸酯、酚类化合物和苯胺类化合物等。这些污染物一旦进入土壤，会造成不可逆转的破坏，破坏土壤生态系统。

5. 工业生产

工业生产过程中，其原料处理、加工、生产、排放各个环节会产生大量的有机污染物、无机污染物和重金属污染物，如果不慎泄漏，会污染其周边的土壤。比如油田周边表层土壤被油污浸透，含有大量烃、芳烃、酚、苯并[a]芘和硫化物等。

6. 交通运输

工业原料、天然气、石油等在运输的过程中，由于事故、不正常操作和检修等原因，会有石油烃类的溢出和排放，直接进入土壤当中。除非是大面积泄漏污染，有关部门会进行专门的治理，其他一些不易察觉的泄漏，有时就被忽视了。由于泄漏地点分散，因此很难确定污染范围和污染程度。

（二）土壤污染物的类型

土壤污染物的类型一般可分为化学污染物、物理污染物、生物污染物和放射性污染物等。

（1）化学污染物　包括无机污染物和有机污染物。无机污染物包括汞、镉、铅、砷等重金属，过量的氮、磷植物营养元素以及氧化物和硫化物等；有机污染物包括各种化学农药、石油及其裂解产物，以及其他各类有机合成产物等。

（2）物理污染物　指来自工厂、矿山的固体废物，如尾矿、废石、粉煤灰和工业垃圾等。

（3）生物污染物　指带有各种病菌的城市垃圾和由卫生设施（包括医院）排出的废水、废物以及厩肥等。

（4）放射性污染物　主要存在于核原料开采和大气层核爆炸地区，以锶和铯等在土壤中半衰期长的放射性元素为主。

四、土壤污染特征

1. 隐蔽性

土壤污染无法第一时间通过肉眼发现，常常需要通过农作物包括粮食、蔬菜、水果或牧草以及摄食的人或动物的健康状况才能反映出来，从遭受污染到产生严重后果有一个相当长的延时期，因此具有隐蔽性。比如日本的"痛痛病"，1946 年发生于日本神通川沿岸，直到1968 年才证实是镉引起的慢性中毒所致。

2. 不可逆性和长期性

土壤一旦遭到污染后很难恢复，重金属元素对土壤的污染是一个不可逆过程，而许多有机化学物质的污染也需要一个比较长的降解时间。比如石油污染土壤的修复，从20 世纪 70 年代至今，各国学者不断研发石油污染土壤的修复技术，目前仍没有一种彻底去除土壤中石油污染的方法，而将石油污染土壤治理后达到农用地水平，至少要 2 年以上时间。

3. 后果严重性

土壤污染常通过食物链不断向顶端富集，危害动物和人体的健康，甚至造成生物死亡。比如土壤三氯乙醛污染，是由施用含三氯乙醛的过磷酸钙肥料引起的。三氯乙醛能破坏植物细胞原生质的极性结构和分化功能，使细胞和核的分裂产生紊乱，形成病态组织，阻碍正常生长发育，甚至导致植物死亡。三氯乙醛污染导致粮食产量严重降低。

五、土壤污染的危害

1. 土壤污染物对农作物的危害

进入土壤的污染物，如果浓度不大，农作物有一定的承受能力。当浓度超过临界浓度时，农作物就会产生一定的反应。危害可分为急性危害和慢性危害，可见危害与不可见危害。急性危害是当浓度较高时在短时间内肉眼可发现症状；慢性危害是在污染物浓度较低，作用较长时间后才能发现症状。土壤污染会导致农作物的减产或品质降低，同时农作物具有富集污染物质的特点，一旦人类和动物食用某种污染物含量超标的农作物，会造成中毒甚至死亡。

2. 土壤污染物对人体的危害

土壤中的重金属物质和有机污染物，当生物体摄取量超过一定数量时就会发生毒害作用，特别是 Hg、Pb、Cd、As 等毒性较强的元素。人们通过饮水和食物摄入重金属元素和有机污染物后，就在体内累积，当达到一定剂量后会产生中毒症状。如日本发生的水俣病，就是甲基汞慢性中毒而引起的。有机氯化合物在体内积累，可以引起致癌、致畸、致突变的"三致"。

六、污染土壤修复技术分类

污染土壤的修复技术按照修复场地划分可分为原位（in situ）修复和异位（ex situ）修复；按照修复技术不同可分为物理化学修复、生物修复和物理化学生物联合修复。

（一）按照修复场地分类

1. 原位修复

原位修复，即不改变土壤位置进行修复，具体技术包括以下几种。

（1）土壤气相抽提技术 这是一种处理非饱和区土壤挥发性有机物污染的技术，其利用抽真空或注入空气在受污染区域诱导产生气流，将被吸附的、溶解状态的或者自由相的污染物转变为气相（汽化），抽提到地面，然后再进行收集和处理。

（2）井中汽提法 井中汽提去除方法包括使地下水进行循环，在去除井中使地下水中挥发性有机物（VOCs）汽化，污染气体可以抽取后在地表处理或进入包气带通过微生物降解。部分处理后的地下水可通过井注入包气带再入渗到地下水面，未处理的地下水从底部进入井中取代被抽取的地下水。部分处理的地下水又逐渐循环进入水井被抽取处理，由此不断循环，直至达到处理的目标。

（3）生物通气 是一种强化污染物生物降解的修复技术。一般是在受污染的土壤中至少打两口井，安装鼓风机和真空泵，将新鲜空气强行排入不饱和土壤中，以增强空气在土壤中及在大气与土壤之间的流动，为微生物活动提供充足的氧气，然后再抽出。土壤中一些挥发性污染物也随之去除。同时，还可通过注入井或地沟提供营养液，从而达到强化污染物降解的目的。

（4）空气搅动法 在含水层中注入气体（通常为空气或氧气），使地下水中污染物汽化，同时用增加地下氧气浓度的方法加速饱和带、非饱和带中的微生物降解作用。空气搅动方法可以用来处理土壤、地下水中大量的挥发性、半挥发性污染物，如汽油、与 BTEX 成分有关的其他燃料，以及氯化溶剂。

（5）原位土壤淋洗 通过注射井等向土壤施加淋洗剂，使其向下渗透，穿过污染带与污染物结合，通过解吸、溶解或络合等作用，最终形成可迁移态化合物。含有污染物的溶液可用提取井等方式收集、存储，再进一步处理，以再次用于处理被污染的土壤。

（6）加热方法 利用蒸汽、热水、无线电频率（RF）或电阻（变化电流，AC）加热方法，在原位改变污染物受温度控制的特性，以利于污染物的去除。例如，挥发性的有机污染物在加热时可以挥发进入包气带，然后可以利用气体提取方法进行处理。

（7）原位稳定-固化方法 在已污染的包气带或含水层中注入可使污染物不继续迁移的介质，使有机或无机污染物达到稳定状态。

（8）电动力学方法　电动力学方法可以使污染物从地下水、淤泥、沉积物和饱和或非饱和的土壤中分离或被提取出来。电动力学治理的目标是：通过电渗、电移或电泳现象，形成附加电场影响地下污染物的迁移。当在土壤中施加低压电流时，会产生这些现象。

（9）原位微生物修复方法　在不改变土壤位置的情况下，通过添加微生物试剂、营养元素以及土壤改良剂等，提高土壤土著微生物或外源微生物对土壤有机污染物的降解，从而使得土壤得到修复的过程。

（10）植物-微生物联合修复方法　该法通过植物与微生物的共同作用，来净化污染土壤和地下水。其优点是利用植物天然能力去吸收、聚积和降解土壤和水环境中的污染物。

2. 异位修复

异位修复，即将土壤移动到其他地方进行修复，具体技术包括：

（1）土壤填埋法　将污泥施入土壤，通过施肥、灌溉、添加石灰等方式调节土壤的营养、湿度和 pH，保持污染物在土壤上层好氧降解。

（2）泥浆反应器修复　是指将污染土壤转移至生物反应器，加水混合成泥浆，调节适宜的 pH，同时加入一定量的营养物质和表面活性剂，从底部鼓入空气充氧，满足微生物所需氧气的同时，使微生物与污染物充分接触，加速污染物的降解，降解完成后，过滤脱水的一个修复过程。

（3）土壤耕作处理　将污染土壤撒于地表，通过定期农耕的方法改善土壤结构，供给氧气、水分和无机营养，促进污染物降解。

（4）土壤堆腐　是指将污染土壤堆放于堆腐装置中，控制土壤中的温度、湿度、pH 和营养成分，并向土壤中投加适量稻草、麦秸、木屑和树皮等，增加土壤透气性和改善土壤结构，促进土壤中的微生物分解污染物质。

（5）客土法　是一种物理修复法，简而言之就是向污染土壤中添加洁净土壤，降低土壤中污染物的浓度或减少污染物与植物根系的接触，是土壤污染治理中的一种工程物理治理方法。

（6）预制床法　将土壤运输到一个经过各种工程准备的预制床上进行生物处理，处理过程中通过施肥、灌溉、控制 pH 等方式，保持对污染物的最佳降解状态，有时也加入一些微生物和表面活性剂。

（7）异位土壤淋洗　是指把污染土壤挖掘出来，通过筛分去除超大的组分并把土壤分为粗料和细料，然后用淋洗剂来清洗、去除污染物，再处理含有污染物的淋出液，并将洁净的土壤回填或运到其他地点。

（二）按照技术类别分类

1. 物理化学修复

（1）加热方法　将污染土壤挖出，置于一个封闭的充满氮气的加热室中，用电加热器将土壤加热到 982.2℃以上，在高温下将土壤中的污染物蒸发出来，从而达到将污染物从土壤中去除的目的。

（2）稳定固化法　一般用于处理重金属污染土壤。重金属稳定固化法是运用成矿原理，使土壤中的重金属元素通过吸附、稳定化反应、离子交换等作用被稳固剂所固定，通过含水性非晶物质及低结晶矿物的高度结晶化，使重金属元素进入结晶的矿物中，达到从土壤中分离的目的。

（3）电动力学法　是在污染土壤区域插入电极，施加直流电后形成电场，土壤中的污染物在直流电场作用下定向迁移，富集在电极区域，再通过电镀、沉淀、抽出、离子交换等方法将污染物质去除。

2. 生物修复

（1）微生物修复　土壤微生物修复技术是一种利用土著微生物或人工驯化的具有特定功能的微生物，在适宜环境条件下，通过自身的代谢作用，降低土壤中有害污染物活性或降解成无害物质的修复技术。包括生物通气法、泥浆反应器法、预制床法等。

（2）植物修复　根据植物可耐受或超积累某些特定化合物的特性，利用绿色植物及其共生微生物提取、转移、吸收、分解、转化或固定土壤中的有机或无机污染物，把污染物从土壤中去除，从而达到移除、削减或稳定污染物，或降低污染物毒性等目的。湿地修复、菌根修复就属于植物修复。

（3）植物-微生物联合修复技术　利用土壤-植物-微生物组成的复合体系来共同降解土壤中的污染物质。植物生长时，通过根系为微生物提供适宜生长的场所；微生物的旺盛生长，增加了污染物的降解速度。这样的植物-微生物联合体系促进了土壤中污染物的快速降解和矿化。如菌根菌剂联合修复等。

3. 物理化学生物联合修复

物理化学生物联合修复是将两种或两种以上的污染土壤修复技术结合起来共同修复和处理污染物质的技术。比如淋洗-反应器联合修复，可同时采用淋洗和还原稳定联合技术，对重金属污染土壤进行修复。

第二节　土壤重金属污染修复

一、土壤重金属的形态

（一）土壤重金属的形态特征

重金属在土壤中的存在形态相当复杂，分类也比较困难。Tessier 在 1979 年提出了形态分析法，把土壤中重金属元素分为离子交换态、碳酸盐结合态、铁锰氧化物结合态、有机物结合态、残渣态等 5 种形态。这种分类方法是比较有代表性的重金属形态划分方法。

离子交换态的重金属主要指的是吸附于黏土、腐殖质以及其他成分上的重金属，这部分重金属很容易被植物所吸收。

碳酸盐结合态是土壤中的重金属元素在碳酸盐矿物上所形成的共沉淀结合物。

铁锰氧化物结合态主要是以矿物的覆盖物和细散颗粒的形式存在，是一种较强的通过离子键相结合的化学形态，在氧化还原电位降低或者缺氧的条件下，这种形态的重金属有可能被还原，对生态系统产生潜在的危害。

有机结合态主要是指被土壤中的有机质络合或者螯合的那一部分重金属，这部分重金属较为稳定，不容易被植物所吸收，但在氧化或者碱性的条件下，可以转化为具有生物活性的形态，对生物具有潜在的危害。

残渣态稳定存在于硅酸盐、原生及次生矿物晶格里，主要来源于土壤矿物，在自然条件下不容易被活化，植物难以对其吸收利用。

（二）影响土壤重金属形态变化的因素

1. 土壤重金属总量

重金属的总量是影响重金属各形态含量的最主要因素，它与重金属的各种赋存状态之间有很好的相关性。土壤中重金属的总量越大，其有效态重金属的含量也越高，且碳酸盐结合态和铁锰氧化物结合态也易于转化成可交换态。

2. 土壤机械组成

土壤的机械组成不同会导致土壤结构和通透条件的差异，影响重金属的截留及迁移转化。土壤的黏土含量是影响重金属形态分布的重要因素。一般来说，黏粒越多，土壤中的离子交换作用和物理化学吸附作用就越强，其表面吸附的重金属离子就越多。

3. 土壤酸碱度

土壤酸碱度是影响重金属在土壤中的存在形态的重要环境因素。H^+ 和 OH^- 是众多重金属氧化物、氢氧化物等物质溶解/沉淀反应的参与物质，其浓度直接影响了重金属的溶解度及其在液/固相中的分配，控制固体的溶解与生成。

4. 氧化还原电位

氧化还原电位的改变会引起电子供体和受体的变化，从而影响重金属的形态转化反应。在还原条件下，土壤中的重金属容易与硫反应形成硫化物沉淀。在氧化还原电位较低的土壤中，碳酸盐结合态或氧化物结合态的重金属被释放出来。

5. 有机质

一般情况下，土壤有机质本身并不含重金属，因此，土壤有机质含量的增加并未增加土壤重金属的输入。但是，土壤中的重金属离子能够在有机质表面发生络合作用，从而改变重金属在土壤中的赋存形态，使重金属的生物活性降低。

二、土壤重金属污染修复方法

（一）物理修复方法

物理修复方法主要有换土法、客土稀释、深耕翻土、热处理技术和电动修复技术等。

换土法主要是移除污染土壤，换成无污染的土壤。客土稀释是通过加入无污染土壤使污染物浓度稀释降低。深耕翻土是把污染土壤通过挖掘翻至土壤下层。这三种方法是通过简单的增减土壤的总量，或者改变土壤的位置达到修复的目的。

热处理技术是采用直接或间接的方式对重金属污染土壤进行连续加热，使土壤中的某些具有挥发性的重金属（如 Hg、As）挥发，收集挥发产物并进行集中的处理，从而达到清除土壤重金属污染物目的的技术。该方法操作简便、设备可移动，但设备昂贵且解吸时间长等因素限制了技术的应用。

电动修复技术是通过向重金属污染土壤中插入电极施加直流电压，使重金属离子在电场作用下发生电迁移、电渗流、电泳等过程，使其在电极附近富集进而从溶液中导出，最后进行适当的物理或化学处理实现污染土壤清洁的技术。

（二）植物修复技术

植物修复技术是利用植物提取、吸收、分解转化和固定土壤、沉积物、污泥、地表水及地下水中有毒有害污染物技术的总称。与重金属污染土壤有关的植物修复技术主要包括植物提取、植物固定和植物挥发。应用较广泛的技术是植物提取技术。植物提取是指利用超富集植物吸收污染土壤中的重金属富集于地上部，收割植物的地上部从而达到去除污染物的目的。

植物修复具有费用成本低、修复效果持久、适合原位修复等优点。但由于绝大多数的超富集植物的植株矮小、生长速度较为缓慢且地域性强，植物修复存在着修复时间长、治理效率低的缺点。

（三）微生物修复技术

微生物不能降解和破坏重金属，但可以通过改变它们的物理化学性质影响其迁移转化。微生物可吸收土壤中的重金属，使其在土壤中的含量降低。微生物的生物化学作用，可使土壤中的重金属存在形态发生改变，降低重金属在土壤中的生物有效性。但是，应用微生物修复也存在安全隐患，如果加入的微生物破坏了原有土壤的生态平衡，会引发一系列不可控的严重后果。

（四）化学修复方法

化学修复方法包括化学淋洗法和化学固定法。

1. 化学淋洗法

化学淋洗法是采用淡水、试剂或其他的液体或气体把土壤中的污染物淋洗出来，通过吸附、沉淀、螯合和离子交换等反应，使污染物从土壤中解除吸附，溶解转移到液相而除去的方法。土壤淋洗能够大量去除土壤中污染物，具有操作方便灵活、修复彻底、费用成本较低等优点。但是在质地黏重的土壤中，由于淋洗剂无法顺利渗透扩散，因而化学淋洗的应用效果不佳，同时洗脱废液回收困难，处置不当还会造成土壤的二次污染。

2. 化学固定法

化学固定法是施加某种廉价易获取的改良剂到污染土壤中，通过沉淀、吸附和络合等反应改变重金属赋存形态，降低其迁移性和生物有效性，而不改变重金属总量的方法。目前常见的土壤改良剂有石灰、沸石、磷酸盐、硅酸盐和有机物质等。

第三节　土壤石油污染修复

一、土壤石油污染概述

石油作为传统能源，一直以来被广泛应用于各行各业，当今经济取得快速发展，石油能源功不可没。但由于人为原因，在开采和运输过程中会发生原油泄漏事故，部分不良厂家将未经处理的含油废水直接排放到自然界中，导致大量石油及其产品污染土壤和水体，破坏生态系统稳定。石油污染的危害是严重的，且不可估量的。石油污染地区，土壤表层 20cm 左右的土壤结构破坏严重，土壤通透性大幅降低，粘连土粒，土地呈现盐碱化、板结化、沥青化。石油类污染物进入土壤后，使土壤有机碳含量大幅度增加，而有效氮、有效磷却没有相应变化，导致碳、氮、磷比例失调，使土壤营养物质供给缺乏。石油类污染物渗入土壤中，会附着在植物根系表面，形成黏膜，阻碍植物根系的呼吸与物质吸收，最终可导致植物生长缓慢甚至死亡。石油类污染物中存在可被植物吸收的物质，比如多环芳烃类，它们可以在农作物中积累，人畜食用过多，会损害健康，引发多种疾病，甚至致癌。一旦石油污染物通过土壤，下渗进入地下水系统当中，将对地下水系统造成不可逆的永久性污染，治理起来非常困难。

（一）石油污染土壤

原油和石油产品在开采、运输、储存以及使用过程中，进入到土壤环境，其数量和速度超过土壤的自净作用的速度，打破了它在土壤环境中的自然动态平衡，使其累积过程占据优势，导致土壤环境正常功能的失调和土壤质量的下降，并通过食物链，最终影响到人类健康。这些被石油类污染物污染的土壤就定义为石油污染土壤。

（二）石油的性质

石油为黏稠、深褐色油状液体，有刺鼻的特殊气味，可燃烧，石油的成分十分复杂，包含数千种不同有机分子，主要成分是各种烷烃、环烷烃、芳香烃的混合物，主要元素是碳和氢，也含有少量氮、氧、硫元素，以及钒、镍等金属元素，其中碳元素含量最高，占84%～87%，氢元素含量其次，为11%～14%，而氧、硫、氮的总含量最低，仅占1%～4%。石油组分的理化性质如表2-1所示。

表 2-1　一些石油组分的物理、化学性质（25℃）

化学性质	分子量	熔点/℃	沸点/℃	密度/(g/cm³)	溶解度/(g/cm³)	蒸气压/Pa	$\lg K_{ow}$[①]
正戊烷	72.15	−129.7	36.1	0.614	38.5	68400	3.62
正辛烷	114.2	−56.2	125.7	0.700	0.66	1880	5.18
环戊烷	70.14	−93.9	49.3	0.799	156	42400	3.00
甲基环己烷	98.19	126.6	100.9	0.770	14	6180	2.82
苯	78.1	5.53	80.0	0.879	1780	12700	2.13
甲苯	92.1	−95.0	111.0	0.865	515	3800	2.69
三甲基苯	120.2	−44.7	164.7	1.025	48	325	3.58
萘	128.2	80.2	218.0	1.025	31.7	10.4	3.35
蒽	178.2	216.2	340.0	1.283	0.041	0.0008	4.63
菲	178.2	101.0	339.0	0.980	1.29	0.0161	4.57
苯并[a]芘	252.3	175.0	496.0	1.35	0.00380	$7.3×10^{-7}$	6.04

① K_{ow}——正辛醇-水分配系数。

（三）土壤石油污染的来源

（1）石油泄漏　在石油开采、运输、使用的过程中，由于井喷、输油管破裂、运输过程管理不善等原因，不可避免地出现原油泄漏。

（2）污废水排放　部分地区存在着监管漏洞，致使一些无良化工厂家，将未经处理的含有石油污染物的生活生产污废水直接排放入自然界中，污染水体与土壤。

（3）含油废物堆放　石油化工厂中经常会产生含油废物，比如油页岩矿渣，在处置的过程中，需要暂时堆放保存，而液态石油废物会通过重力作用进入到堆放场地的土壤中，污染周围环境。

（4）**大气沉降** 石油化工厂及冶炼厂在焚烧过程中会产生含油颗粒，进入空气中，含油颗粒随着气流转移和自然沉降，落入土壤当中，致其污染。

（四）石油污染土壤的危害

石油污染土壤后，因其液态、黏附力强的特性，填充土壤间隙，导致土壤的含水量和含氧量降低，降低植物根系与土壤的物质交换。石油污染破坏了土壤土著微生物的种群结构，产生适应石油污染环境的新微生物种群，这会导致土壤原有的生态功能被破坏。同时，土壤中存在一系列酶类物质，这些酶类的存在可以帮助土壤进行分解、发酵、氧化等功能。但石油污染物的存在，降低了土壤酶类的活性，导致土壤质量严重下降。

分子量较大的石油污染物黏附在植物根茎表面，阻止营养物质和氧气进入植物根部组织，阻碍物质交换，影响植物正常生长；分子量较小的石油污染物可被植物根系吸收，进入植物体内并逐渐富集，导致植物细胞死亡。农作物在石油污染的土地上种植，可出现出芽率和结实率降低，抗旱、抗虫能力降低的情况。人畜食用这种被石油污染的农作物，可导致产生中毒症状，甚至致癌致死。

石油污染物进入土壤后，在自然降雨的淋溶和重力作用下，可进入深层地下水中，造成地下水污染，而地下水因其处于深层地下，且是相对封闭的空间，治理起来非常困难，需要打深井将水抽出地面处理，处理后的地下水，需回灌到地下水层。但在此过程中，地下水中的各组分会发生变化，对地下水环境造成的影响还处于未知状态，存在着一定的安全隐患。因此，目前地下水处理比较提倡原位修复，但由于技术和处理工艺的问题，原位修复存在费用较高、处理效果不理想、环境安全性还有待考证等弊病。

二、石油污染土壤修复技术

（一）物理修复技术

1. 隔离法

隔离法是以黏土或人工合成的惰性材料为屏障，对污染土壤区域和周围环境进行隔离，防止污染物向周围环境（土壤、地下水）扩散和迁移。隔离法不会改变土壤中石油污染物的结构，几乎可用于处理所有情况下的石油污染土壤。但该方法并没有从根本上去除导致土壤污染的石油类污染物，只是暂时阻止了污染物的迁移扩散，属于治标不治本的方法。

2. 换土法

换土法包含三种方法：换土、客土和翻土。换土是将场地的污染土壤挖走后，用未污染的新土进行换填；客土法是指把未污染的新土壤覆盖在污染土壤的表层，或与污染土壤均匀混合，使土污染物浓度降低；翻土是指对土壤进行深翻，将集中在表层的污染物分散转移到土壤深层。该方法工程量较大，费用较高，且没有彻底去除土壤中的石油污染物。

3. 气相抽提法

气相抽提法是将新鲜空气通过进气井注入污染土壤区域，利用真空泵/引风机产生负压，空气解吸并夹带土壤中的有机物，经由抽气井流回到地面上收集并处理的方法。该技术的优点是：成本较低、设备简单、操作灵活、对周围环境危害小、不破坏土壤结构等，缺点是受污染土壤本身特性的影响较大。

（二）化学修复技术

1. 溶剂萃取法

溶剂萃取法是向石油污染土壤中加入有机溶剂，并搅拌混合充分，土壤中的石油类污染物质溶入有机溶剂中，通过萃取的方法，将石油类污染物质从土壤中去除的方法。萃取液中的有机溶剂、石油污染物再经分离后均回收利用。该方法的最大优点是可回收利用萃取出来的原油，缺点是流程长、工艺复杂，处理后溶剂会残留于土壤而造成二次污染。

2. 化学氧化法

化学氧化法是向石油污染土壤中喷撒或施加某种化学氧化剂，石油污染物被其氧化，从而降低土壤中石油污染物含量的方法。常用的化学氧化剂有 H_2O_2、ClO_2、Fenton 试剂、$KMnO_4$ 和 O_3 等。该方法优点是修复时间较短，灵活性较强，可运用于不同类型的污染物，但缺点也很明显，那就是氧化之后的物质会继续存在于土壤之中，无法从土壤中去除。

3. 焚烧法

焚烧法是将石油污染土壤放置于焚烧炉中焚烧，去除其中的石油污染物的方法。焚烧炉内温度要求在 815～1200℃ 之间，进入焚烧炉的土壤颗粒需先进行筛分，直径不得大于 25mm，焚烧过程中产生的有毒有害气体收集后再处理，避免对大气造成二次污染。该方法能耗较大，处理成本较高，一般适用于小规模、污染严重的场地。

（三）生物修复技术

生物修复技术是指利用某些特定生物（如微生物、植物或原生动物等）吸收、降解土壤中的石油污染物的方法。生物修复技术主要包括微生物修复技术、植物修复技术、动物修复技术以及联合修复技术等。其中，微生物修复技术因其修复成本低、不破坏土壤结构、无二次污染等优点，被广泛应用，学者研究较多，技术发展相对成熟。

1. 微生物修复技术

（1）生物刺激法　生物刺激法是指增加土壤中的营养物质、通气量以及投加适当的添加剂来加速土壤原生微生物的代谢活动，从而快速分解石油污染物，净化土壤环境。该方法主要依靠原生石油烃降解菌的分解和代谢作用。这种方法虽然效果较好，但由于向土壤中加入了多种物质，会破坏土壤的原始生态环境，有可能造成二次污染，且原生石油降解菌的生长速率不可控，影响修复效果。

（2）生物强化法　生物强化法是指加入外源高效石油烃降解菌或土著石油烃降解菌，提高微生物降解石油污染物的效率。该方法应用时需注意控制外源高效石油烃降解菌的数量，否则可能因为外源菌的加入，破坏土壤中原有生态平衡。

（3）固定化微生物技术　该技术是将游离的微生物或生物酶固定在合适的载体上，与污染土壤混合，达到去除石油污染物的目的。这种方法的优点在于，石油烃降解菌固定在载体上，提高修复区域有效石油降解菌的数量；固定化的载体保护工程菌株免受外界因素干扰，提高了污染物质去除效果的稳定性。

2. 植物修复技术

在石油污染土壤中栽种某些对石油污染物具有超耐受和超富集能力的植物，植物体将污染土壤中的石油污染物质，通过吸收、转化、提取、富集等作用黏附于表面或进入植物体内，当这些植物生长到一定阶段将其从土壤中移除，从而达到去除石油污染物的目的。这种利用植物修复石油污染土壤的技术称为植物修复技术。该技术的优点是资金投入低、无二次污染、具有潜在的经济效益、不破坏土壤结构和景观性强、更接近自然生态、适合大面积修复；缺点是修复周期长、修复效果不稳定、存在生态风险隐患。

3. 动物修复技术

动物修复技术是指在人工控制或自然条件下，通过土壤中的动物群（如蚯蚓、蝇蛆等）在生长、繁殖或穿插运动等活动的过程中对污染物进行分解、消化和富集，从而降低和消除土壤中污染物的一种生物技术。由于该方法使用的动物群存在不可控因素，应用范围比较局限。

4. 联合修复技术

由于污染土壤修复难度较大，采用单一修复技术难以达到理想的修复效果，因此实际工程中多采用多种修复技术联合。考虑到土壤修复的投入与减少二次污染等问题，植物-微生物联合修复技术为目前比较常见的联合修复技术。植物-微生物联合修复技术是指利用微生物与植物的共生关系加强污染物质的降解，达到去除土壤中石油污染物的技术。其机理是植物根茎为微生物提供生存空间和营养物质，根茎分泌物能够刺激微生物，提高其降解石油污染物的效率。而微生物可以将石油污染物分解转化为植物可以利用的物质，达到去除土壤中石油污染物，降低污染物毒性的目的。

第四节　土壤有机物污染修复

一、土壤有机污染现状

土壤有机污染物的主要来源有：有机农药、酚类、氰化物、合成洗涤剂等。为了提高农作物产量、减少农作物病虫害，会使用大量有机农药。这些有机污染物具有蓄积性、收放性、半挥发性等特点，污染土壤，有时会降低农作物质量。我国农药产量和使用居世界前列。六六六、滴滴涕等有机氯农药已被禁止使用超过 30 年，但土壤中仍能检测到残留量。除了有机农药的污染，个别城市化和工业化发展也引发了一系列土壤有机物质污染问题。石油化工厂燃烧产生的多环芳烃是土壤有机污染的主要来源，有些厂区附近的土壤中存在多氯联苯、多环芳烃、增塑剂、除草剂、丁草胺等高度致癌物质，高出国家标准 5 倍以上。土壤中的有机污染物可以通过食物链、食物网迁移和富集。目前土壤中的六六六和滴滴涕只能检测少量残留，但在鱼类机体中检测出的含量却比土壤中高出了近 100 倍，而在禽类蛋中的含量被放大了 100 倍以上。此外，有毒的有机污染物长期储存在人体内，会对人体脏器造成损伤。部分有机污染物甚至可通过母乳喂养转移到新生儿体内，有可能会影响下一代健康。

二、土壤有机污染物的物理降解

（一）土壤淋洗法

土壤淋洗法分为原位土壤淋洗修复和异位土壤淋洗修复两种。

原位土壤淋洗修复是指无须移动受污染土壤，在需要修复污染区域逐步注入淋洗液，之后通过抽提井或人工沟渠等设施，将含有污染物质的淋洗液收集并运离，达到去除土壤中污染物质的目的。而含有污染物质的淋洗液，可以经过分离净化回收再利用。

异位土壤淋洗修复是指将污染土壤挖掘出来后进行预处理，预处理后的污染土壤，在淋洗设备中与淋洗液充分混合，深度洗涤，此时土壤中的污染物质进入淋洗液中，洗涤之后，将土壤与淋洗液分离，可达到去除土壤中污染物质的目的。经过异位土壤淋洗修复后的土壤可填回原处或合理处置，而淋洗液可经过净化后重复使用。

土壤淋洗法原理简单，操作方便，但其缺点也比较明显。淋洗液缺乏普适性，针对不同污染物需要选用对应的淋洗液。且淋洗液淋洗效率低，回收效率低。淋洗液与土壤分离不彻底，极易造成二次污染。因此在使用淋洗法修复土壤之前，要做好调查与评估。

（二）热脱附法

热脱附法是指通过直接或间接的热量交换方式，将土壤中的有机污染物加热到足够的温度，使其蒸发并与土壤介质分离，再将蒸发出的污染物进行有效收集并处理。

该方法的机理是将有机物污染土壤加至热脱附室后进行加热，使水分和有机污染物挥发，借着气流或真空系统将挥发的水分和有机污染物送入废气处理系统，从而达到去除土壤中有机污染物的目的。该方法的优点是处理范围广，经处理后的土壤再生利用程度高。

三、土壤有机污染物的化学降解

（一）化学焚烧法

化学焚烧法是利用有机物在高温下易分解的特点，在高温下焚烧有机污染物以达到去除污染物的目的。该方法虽然能够完全分解污染物达到去除污染物的目的，但在去除污染物的同时，土壤的理化性质也遭到了破坏，使土壤无法获得重新利用。

（二） Fenton 试剂氧化法

Fenton 试剂氧化法是化学修复方法的代表。Fenton 试剂的主要成分为 H_2O_2 和 Fe^{2+}，其反应机理是：当 pH 值在 2～4 范围内时，在 Fe^{2+} 的催化作用下，H_2O_2 可产生强氧化能力和高电子亲和力的羟基自由基（·OH），通过脱氢反应及不饱和烃、芳香烃加成反应等，氧化大部分有机污染物，产生可生化降解的小分子有机物、CO_2、H_2O 和无机盐等产物。Fenton 试剂氧化法能耗较低，降解高效快速，不受有机污染物浓度和种类的限制，特别适用于某些难治理或对生物有毒性的有机污染物的处理。

（三）光降解法

光降解就是利用辐射、光催化剂在反应体系中产生活性极强的自由基，再通过自由基与有机污染物之间的加合、取代、电子转移等过程将污染物降解为无机物的过程。

光催化降解反应主要发生在土壤表层，光催化降解反应分为直接光催化降解和间接光催化降解。直接光催化降解是化合物分子直接吸收光能，由基态变为激发态，在激发态发生反应，化合物的分子结构发生改变。间接光催化降解是指在光敏物质的参与下进行的光降解反应。首先光敏物质吸收光能，由基态变为激发态，处于激发态的光敏物质将它所吸收的能量传递给基态的化合物，使之处于激发态而发生反应，光敏物质又回到原来的基态。在这个反应过程中，光敏物质起着催化剂的作用。受土壤表面积的制约，实际上光催化降解反应以间接光降解反应为主。

在间接光催化反应中，可参与反应的光催化剂的种类有很多，包括二氧化钛（TiO_2）、氧化锌、氧化锡、二氧化锆、硫化镉等多种氧化物、硫化物半导体，另外还有部分银盐也有催化作用。除了二氧化钛，它们基本都有在反应前后本身会出现消耗的缺点，且大部分对生物有一定毒性。而 TiO_2 的化学性质和光学性质十分稳定，对生物无毒害作用，且价廉易得，使用寿命长，所以在降解有机污染物时常用作光催化剂。以下是用 TiO_2 作为光催化剂进行光降解的反应机理：

$$TiO_2 + h\nu \longrightarrow e^- + h^+$$
$$h^+ + H_2O \longrightarrow \cdot OH + H^+$$
$$h^+ + OH^- \longrightarrow \cdot OH$$
$$O_2 + e^- \longrightarrow \cdot O_2^-$$
$$\cdot O_2^- + H^+ \longrightarrow HO_2 \cdot$$
$$2HO_2 \cdot \longrightarrow O_2 + H_2O_2$$
$$H_2O_2 + O_2^- \longrightarrow \cdot OH + OH^- + O_2$$

半导体材料在吸收光能后，电子在半导体的价带发生跃迁产生高活性的电子 e^-，从而在跃迁前的价带上会形成一个空穴 h^+。产生的空穴 h^+ 有极强的得电子能力，所以会产生强氧化性，可与水形成羟基自由基，进而降解有机物。

以 TiO_2 作为光催化剂的光降解过程中产生的 $\cdot OH$ 自由基的氧化能力很强，能将大多数有机污染物及部分无机污染物氧化降解为 CO_2 和 H_2O_2 等无害物质，且 $\cdot OH$ 对反应物无选择性，在光催化氧化中起着决定性作用。

（四）化学清洗法

化学清洗法是指利用一定的化学清洗液把土壤固相中的有机污染物转移到液相中，再把含有污染物的清洗液进一步处理回收，从而去除土壤中的有机污染物。化学清洗法通过两种方式去除污染物：一是借助清洗液对有机污染物的迁移或助溶作用，达到有机污染物脱附、溶解并去除的效果；二是利用冲洗水力带走土壤孔隙中或吸附于土壤中的污染物。

1. 表面活性剂清洗法

表面活性剂是一种同时含有亲水和疏水基团的两性化学物质。该方法是利用表面活性剂的独特的分子结构，使其降低溶剂的表面张力和界面张力，提高土壤中有机污染物的溶解度，达到去除土壤中有机污染物的效果。

表面活性剂去除土壤中有机污染物主要是通过卷缩和增容。卷缩就是土壤吸附的有机污染物在表面活性剂的作用下从土壤表面卷离，主要靠表面活性剂降低界面张力而发生，一般在临界胶束浓度（CMC，表面活性剂分子在溶剂中缔合形成胶束的最低浓度）以下就能发生。增溶就是土壤吸附的难溶性有机污染物在表面活性剂作用下从土壤解吸下来而分配到水相中，它主要靠表面活性剂在水溶液中形成胶束相，溶解难溶性有机污染物。增溶一般要在CMC 以上才能发生。

表面活性剂可以分为人工合成表面活性剂和生物表面活性剂，表 2-2 为常见的表面活性剂的分类。

由于生物表面活性剂具有高度特异性、良好的生物降解性和生物适应性，没有或只有较小的环境影响的优点，被广泛应用于去除土壤中的有机污染物。生物表面活性剂是由微生物、植物或动物通过代谢产生的具有表面活性的物质，其结构中同时携带亲水基和疏水基，能够有效溶解、分散、乳化疏水性物质，降低土壤中难溶有机污染物与水的表面张力和界面张力，从而促进土壤中难溶有机物的去除。

表 2-2　常见表面活性剂

表面活性剂	名称
人工合成表面活性剂	十二烷基苯磺酸钠（SDBS）、十二烷基硫酸钠（SDS） 曲拉通（Triton）、吐温（Tween）、布里杰（Brij）
生物表面活性剂	鼠李糖脂、槐糖脂、单宁酸、皂角苷、卵磷脂、腐殖酸、环糊精及其衍生物

2. 电动力学法

电动力学法是利用土层和有机污染物的电动力学性质，对土壤中的有机污染物进行降解。电动力学法的原理是利用插入土壤的两个电极在污染土壤两端加上低压直流电场，在低强度电流作用下，水溶的或吸附在土壤颗粒表层的污染物根据各自所带电荷的不同而向不同电极方向运动。阳极附近的酸开始向土壤毛细孔运动，打破污染物与土壤的结合键。此时，大量的水以电渗流方式在土壤中流动，土壤毛细孔中的液体被带到阳极附近，这样就将溶解到土壤中的污染物吸收至土壤表层而去除。

（五）超临界 CO_2 流体萃取分离

超临界 CO_2 流体为超临界流体，是介于气液之间的一种既非气态又非液态的物质，这种物质只能在其温度和压力超过临界点时才能存在。该方法是依据压力和温度对超临界流体的溶解能力的影响而进行的。在超临界状态下，将超临界 CO_2 与待分离的有机污染物接触，使其有选择性地把极性大小、沸点高低和分子量大小不同的成分依次萃取出来，从而达到分离有机污染物的目的。

该方法中使用的超临界 CO_2 流体具有选择性好、流程简便、萃取速度快、能耗低、安全性好、后处理简单且对环境无污染的特点。

四、土壤有机污染物的生物降解

生物降解法主要是利用微生物或植物对土壤中的有机污染物进行降解、固定或吸收，从而达到消除有机污染物的目的。生物降解法主要包括微生物降解法和植物降解法。生物降解法的主要特点是成本低、效率高、对环境无二次污染。

（一）微生物降解法

微生物降解法是指在人为优化的条件下，通过创造适宜的生长环境，利用天然存在的土著微生物或人为培养的微生物的生命代谢活动，最终将土壤中有机污染物降解或去除，以修复受污染的土壤的方法。

微生物降解的机理是微生物以有机污染物为碳源或通过共代谢作用使微生物酶活性增强，从而有效降解土壤中的有机污染物。微生物降解的具体方法有三种。

（1）生物强化　主要是指向污染土壤中投加人工驯化的对指定污染物有较高降解能力的微生物，从而降解土壤中特定的一种或几种有机污染物。主要优点是可以对污染的土壤快速作出反应。对于污染物浓度较高、环境变化比较大的土壤，土著微生物的生长往往受到抑制，通过筛选一些适合在极端条件下生存的微生物进行生物强化是一种很好的选择。

（2）生物刺激　主要是指向土壤中加入营养物质，促进污染土壤中对有机污染物有降解能力的微生物生长，进而降解土壤中的有机污染物。主要优点是对污染物有普适性，方便易行。

（3）自然衰减　是指依靠土壤中的土著微生物天然的自净能力来消除土壤中的有机污染

物。该方法降解有机污染物的效率低，较适合污染程度低的土壤。

土壤中具有有机物降解能力的微生物有细菌、放线菌、真菌等。表 2-3 所示为常见有机污染物降解菌的种类。

表 2-3　常见有机污染物降解菌

降解菌		降解的农药种类
细菌类	假单胞菌 （Pseudomonas）	乐果、六六六、2,4-D、阿特拉津、单甲脒、狄氏剂、敌敌畏、甲胺磷、灭草隆、西维因、茅草枯
	芽孢杆菌（Bacillus）	六六六、DDT、阿特拉津、对硫磷、甲胺磷、乐果、七氯、艾氏剂、杀螟松、毒杀芬、苯硫磷
	产碱杆菌 （Alcaligenes）	敌杀死、对硫磷、甲基对硫磷、氟氯菊酯、氰戊菊酯、杀螟松、茅草枯
	无色杆菌 （Achromobacter）	2,4,5-T、2,4-D、阿特拉津、六六六、西维因、氯苯胺磷
	黄杆菌 （Flavobacterium）	2,4-D、对硫磷、甲基对硫磷、杀螟松、水胺硫磷、马拉硫磷、三氯醋酸、氯苯胺磷
放线菌类	诺卡氏菌（Nocardia）	2,4-D、七氯、艾氏剂、狄氏剂、茅草枯、五氯硝基苯
	链霉菌（Streptomyces）	艾氏剂、七氯、五氯硝基苯、茅草枯、西马津
真菌类	根霉（Rhizopus）	DDT、七氯、灭幼脲三号、阿特拉津、艾氏剂、溴硫磷、杀虫脒
	青霉（Penicillium）	DDT、狄氏剂、七氯、敌百虫、阿特拉津、艾氏剂、氯磺隆、灭幼脲三号、茅草枯、敌稗
	曲霉（Aspergillus）	甲胺磷、乐果、2,4-D、敌百虫、七氯、DDT、艾氏剂、狄氏剂、灭草隆
	链孢霉菌 （Neurospora）	艾氏剂、七氯、DDT、敌百虫

微生物降解法是一项环境友好、技术要求相对较低的修复污染土壤的方法，且成本较传统修复技术低得多，十分经济、实用、环保。通过筛选适应环境且不产生二次污染的高效降解菌并进行驯化、育种、转基因改良性状，可提高对土壤有机污染物修复的效率。

（二）植物降解法

植物降解法是指将某种或多种特定植物种植在有机物污染的土壤上，利用植物本身和相关的根际微生物降解、吸收或转化土壤中有机污染物质的一种处理方法。植物降解有机污染物的过程如图 2-1 所示。

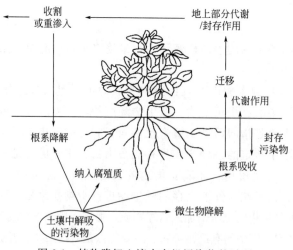

图 2-1　植物降解土壤中有机污染物的过程

植物降解的机制主要有三种：

①植物直接吸收和降解有机污染物。吸收的有机污染物不经过代谢直接在植物组织中累积，或经过植物代谢作用分解为二氧化碳、水或其他有机化合物，或通过茎叶表面挥发到空气中。

②植物将有机污染物吸收到植物体内，再通过根际释放的酶和分泌物等刺激微生物活性，加强其生物转化作用，降解有机污染物。此外，有些酶也能直接分解有机污染物。

③通过植物根区存在的土著微生物与植物共同作用，增强根区有机物的矿化作用。

植物修复是近年来世界公认的理想的污染土壤原位治理技术，经济成本较低，适合大面积使用，能耗较低，主要依靠太阳能。符合可持续发展战略，经植物修复过的土壤，其有机质含量和土壤肥力都会增加，适于农作物种植；技术上可行，操作简单、安全、可靠。

由于多数植物的大部分根系集中在土壤表层，因此超出修复植物根系范围的土壤或不利于修复植物生长的土层修复效果甚微。其周期较长，难以满足快速修复污染土壤的需求，因此植物修复土壤有机污染技术尚未完全成熟，存在一定的局限性。

（三）植物-微生物联合修复

植物的分泌物和酶有助于微生物的生命活动，而微生物的活动为植物提供各种营养成分，这两者互助共进。植物-微生物联合修复技术的主要优点在于不扰动土壤，减少了污染物的暴露程度和暴露时间，适用于大范围的土壤污染修复工作。

第五节　土壤污染修复案例

一、土壤重金属修复应用实例

该案例为上海康恒环境股份有限公司的刘继东等设计的某电镀厂厂区重金属污染土壤的修复工程，更多详细内容可参见参考文献［12］。

（一）工程概况

1. 场地污染现状

修复之前先要实地调研考察电镀厂厂区环境及污染情况。调查内容包括：厂区的整体地势，厂区内部地势是否平坦；厂区内部的原规划功能区都有哪些，每个功能区内的土层类型包括什么；厂区地下水水位测量，并确定其流向，在不同区域内进行土样与地下水样的采集与检测等等。经过以上现场调研和采样之后，该厂区的调查结果显示，厂区内土壤受到不同程度污染，超标污染物主要有铜、六价铬和镍，并确定了各个污染物的点位超标率分别为多少。厂区内地下水只有六价铬和镍超过筛选值。场地环境风险评估结果显示场地土壤中铜、六价铬和镍的危害熵大于1。厂区地下水中关注污染物为六价铬和镍，由于地下水没有饮用的暴露途径，因此不存在健康风险。

2. 修复目标确定

根据各关注污染物的风险评估结果，结合国内外相关标准限值，并综合考虑电镀厂所在区域土壤重金属背景值以及项目目标的经济性和技术可达性等多方面的因素，确定本项目污染土壤的修复目标值。修复目标包含基坑污染土壤清挖目标值和土壤修复目标值。污染土壤修复目标值为清挖出的污染土壤经修复处理后浸出态铜、镍、六价铬浓度不高于 GB/T 14848—2017《地下水质量标准》Ⅲ类标准规定的浓度限值。在该案例中，土壤清挖目标值及修复目标值具体参见文献［12］。

3. 修复工程量确定

修复工程量采用外连线法结合场地建筑物平面布局确定，修复深度以上下均未超标样品深度作为边界。依此原则确定场地内污染区域分为 A1～A4、B1～B4 共 8 个待修复区域，其中 A 类污染土壤中目标污染物包括六价铬，总计修复土方量为 18034 m³。详细的修复工程量需要根据不同污染区，进行修复污染物、修复面积、修复深度以及修复土方量等内容的整理，并列表备案。具体的修复工程量统计表列表方式见文献［12］。

（二）修复工艺确定

1. 修复技术选择

修复技术的选择需要根据修复场地的实地情况和修复污染物的性质来进行筛选。在该实例中，场地关注污染物为铜、镍和六价铬，考虑到六价铬由于低价态时毒性较弱，需将六价铬还原到低毒性的三价态。同时该场地内污染土壤性质多为杂填土和粉质黏土，且杂填土主要成分为黏性土的地质条件，污染物也主要集中在这层。场地周围存在学校、村落等敏感区域，因此对二次污染特别是扬尘、噪声等方面应重视。综合以上边界条件，在该案例中，对污染深度小于 5m 的区域采用异位还原＋稳定化技术，对于污染深度大于 5m 的区域采用原位还原＋固化技术进行修复。固化/稳定化技术是通过向污染土壤中加入固化/稳定化药剂，使其与污染物发生物理、化学作用，从而将污染土壤固封为结构完整的具有低渗透系数的固化块，或将污染土壤中的污染物转化为化学性质不活泼形态，降低污染物在环境中的迁移和扩散能力。之所以选择原位还原＋固化技术，是因为该技术有着修复效率高、成本低、操作简单等优点，且可以通过固化/稳定化药剂的选型和药剂投加比例来降低修复成本，并保证其修复效果。

2. 修复技术路线

在该案例中对 A1～A3、B1～B3 区域污染土壤采用开挖短驳至三期地块进行异位还原＋稳定化技术修复，达标后用于后期规划绿地用土；A4、B4 区域污染土壤采用垂直阻隔＋原位还原/固化技术进行处置。具体技术路线见图 2-2。

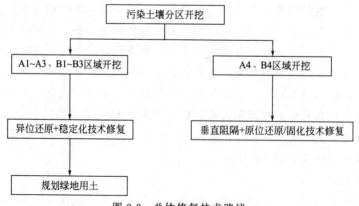

图 2-2 总体修复技术路线

3. 小试、中试试验

在开始进行修复之前，需要根据各个区域土质类型的不同，有针对性地对各个区域的污染土壤进行小试试验，通过小试试验，来确定不同污染区域的修复药剂的最佳添加量。小试结束后，在项目开工前，还要进行现场中试试验，对在小试中获得的修复药剂添加量和添加比例进行调整，敲定正式修复时各种修复药剂的添加比例与添加量。

（三）工程实施

1. A1～A3、B1～B3 区域污染土壤修复

由于该方案中采用的是异地修复方法，在修复前，需要先把污染土壤清挖出来，经过预处理之后，再放入 KH200 修复一体机内进行修复。

（1）污染土壤清挖　场地内污染土壤清挖流程为：场地准备——污染范围定位放线——污染土壤清挖及短驳——开挖后基坑侧壁及底部清挖效果检测——清挖效果验收——外购干净土回填基坑——场地移交。污染土壤最大清挖深度为 3.5m，采用机械放坡（坡度 1：1.5）清挖为主，人工清挖为辅的方法。将含有六价铬的污染区域（A1～A3）与不含六价铬的污染区域（B1～B3）分区清挖，短驳至修复区后分区堆放。污染土壤清挖完成后，要按照相关行业规范的要求对基坑底部和侧壁进行自检验收。

（2）污染土壤预处理　清挖出来的污染土壤需进行筛分，之后进行预处理，即进行含水率和 pH 的调节。利用筛分斗将污染土壤与杂质进行筛分，同时对粒径较大的土块进行破碎，使得粒径不大于 5 cm。按 2.5％的质量比向土壤中添加石灰，调节土壤 pH 至中性，同时确保土壤含水率不大于 60％，以保证后续修复过程药剂效果发挥稳定及污染土壤与修复药剂混合均匀。

（3）污染土壤与修复药剂混合　污染土壤通过预处理之后，达到 KH200 修复一体机的进料要求。利用挖掘机配合修复一体机将经过预处理的污染土壤和修复药剂按照中试试验确定的添加比例进行均匀混合。

（4）堆置养护　将处理后的土壤转移到养护待检区进行堆置养护，根据污染类型分别堆置成 10 m×5 m×3 m 土堆，用塑料布覆盖。堆置养护期间每天采样检测含水率，并根据结果及时补充水分，确保处理后的土壤含水率在养护期维持在 60％左右。

（5）检测与验收　对于养护完成的土壤，按照每 500 m³ 取 1 个样品的频次采样，采样过程严格按照行业规范布设取样点位，采集的所有样品送至具有相关检测资质的第三方检测机构进行分析。修复后的土壤铜、镍及六价铬的浸出浓度不高于对应的修复目标值时，修复达标。修复达标后的土壤运至周边指定绿地用作园林用土。

2. A4～B4 区域污染土壤修复

该案例中的 A4、B4 区域污染土壤采用垂直阻隔＋原位还原/固化技术进行处置，即首先对含有六价铬污染土壤的 A4 区域进行原位还原修复，然后再对 A4、B4 区域整体进行原位固化修复。图 2-3 为原位还原修复工艺流程图。

（1）垂直阻隔工艺　该案例中，垂直阻隔采用 φ500 型水泥搅拌桩，桩长 11 m。水泥掺量为 20％，水泥为 PO42.5 级普通硅酸盐水泥，水灰比为 1.5，28 天龄期无侧限抗压强度要求不小于 0.8 MPa。

（2）原位还原修复工艺　A4 区域为六价铬污染区域，采用原位还原技术进行修复。根

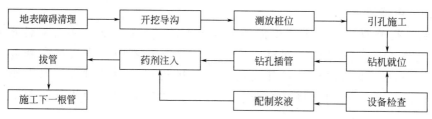

图 2-3 原位还原修复工艺流程

据前期现场中试结果确定原位还原注浆孔孔径为 110 mm，孔间距为 2000 mm，钻孔深度 11 m，注浆压力为 1.5 MPa，还原药剂注入比为 4%（质量分数）。

（3）原位固化修复工艺 A4～B4 区域采用原位固化技术进行修复。根据前期现场中试结果，原位固化注浆孔孔径为 110 mm，孔间距为 1600 mm，钻孔深度 11 m，注浆压力为 1.5MPa，固化药剂注入比为 5%（质量比）。

（4）自检与验收 该案例中，原位修复区域面积约为 1130 m²，修复深度为 11 m。依据相关行业规范，每个点位代表的地块面积不超过 100 m²，每个样品代表土壤体积不超过 200 m³，对原位修复边界每段最大长度不超过 20 m，原位修复区域共采集 75 个土壤样品。

（5）修复效果评价与验收 修复完成后，需要对修复后的土壤进行自检检测取样，并检测污染指标是否达标。该案例中检测的指标为铜、镍、六价铬等重金属的总量浓度或浸出浓度。最终结果显示，经过修复处理后的土壤中，目标污染物均达到修复目标要求，修复效果良好。

二、土壤石油污染修复应用实例

本案例为胜利油田森诺胜利工程有限公司的崔双超等设计的实际工程案例，更多内容可参见参考文献 [13]。

（一）场地概况

1. 污染概况

本案例中，需要修复的污染区域为江苏某原油管道泄漏的周边地区。首先分析要修复哪些区域的污染土壤，案例中为表层已清挖污染土壤和下层待清挖污染土壤。之后通过第三方检测机构，检测这两类土壤中的超标污染物。在此案例中，表层土壤检测得到了石油烃污染浓度、pH 值和含水率等指标，下层待清挖污染土的超标污染物为石油烃（TPH），检测后确定了其污染浓度、土壤 pH 值和含水率等指标。

2. 修复目标值的确定

该案例场地风险评估依据《污染场地风险评估技术导则》（HJ 25.3—2014），风险评估结果显示，为了保护周边居民的健康，需要对该污染区域土壤中的 TPH 进行修复。从最大限度保护人体健康的角度，建议优先选用《土壤环境质量 建设用地土壤污染风险管控标准（试行）》（GB 36600—2018）中第二类用地筛选值作为本项目石油烃污染土壤最终修复目标值，即该案例中 TPH 的修复目标值为 4500 mg/kg。

3. 修复工程量的确定

修复工程量的确定需要根据污染区域面积、污染土层深度以及个别重点污染区域面积来综合分析后，计算确定。确定了修复工程量后，还要确定修复深度等。

（二）中试试验

在本案例中，没有经过小试试验，直接进行中试试验，施工方打算在中试试验的基础上确定现场石油烃污染修复参数。中试试验中分别研究了药剂投加比、pH值、含水率以及降解时间等4个控制条件对生物修复的影响，每个控制条件都设计了多个对比实验，具体的中试试验设计详见参考文献［13］。经过中试试验后，污染土壤修复的控制条件就可以确定了。

（三）工程实施

1. 技术路线

该案例技术路线图可见参考文献［13］。工程实施的过程包括：石油烃污染土壤的生物修复→石油烃污染土壤的分析→晾晒、破碎筛分，调质→投加生物修复药剂（2%）→混合搅拌通风→洒水养护。经过以上步骤后，可进行污染物质检测，如果达标，则进入验收流程；如果污染物质未达标，则向未达标土壤中投加生物修复药剂继续处理，直到达标为止。

2. 施工设备

本案例中，施工使用的设备为旋耕机，这是一种由拖拉机的动力输出轴驱动的耕、整地机械。旋耕机耕宽2m，耕深30cm。机具两侧最低位置设计有滑雪板，该设计可以达到限深的目的。

3. 防渗结构

在本案例中，施工方设计了防渗结构，该结构包括防渗结构系统和渗滤液外排收集系统。防渗结构系统从下部往上包括基坑HDPE膜、土工布、黏土层及填土层，防渗结构系统的外围为原土层，防渗结构系统的上部为污染土壤。渗滤液外排收集系统包括排水沟、垫压石堆、集水井，排水沟设置在原土层的周围，HDPE膜和土工布经过原土层和排水沟底部延伸至排水沟外围的土层上，垫压石堆压在原土层的土工布上，垫压石同时堆压在排水沟外围土层的土工布上，排水沟内的土工布上铺设碎石，排水沟的外围一角设置集水井。

（四）修复效果

根据《场地环境监测技术导则》（HJ 25.2—2014）的相关要求，对修复后的土壤样品进行采样并检测。最终结果显示，经过生物修复后，该案例中的石油烃污染土壤中的污染物质含量均已达标，修复效果显著。

三、土壤有机污染物修复应用实例

该案例为北京建工环境修复股份有限公司的杨乐巍等设计的实际工程，主要去除的污染物质为土壤中可挥发性的有机污染物，更多内容可参见本章参考文献［14］。

（一）项目概况

本案例中要修复的区域为北京某地铁线路，该区域的主要污染物质为挥发性有机污染物，包括1,2-二氯乙烷、氯乙烯、氯仿和总石油烃（C6～C9）。经考察该区域土质为砂质粉土和砂土，土壤含水率较低，比较适合采用气相抽提（SVE）技术修复。根据当地环保部门审批的风险评估报告，最终确定场地的修复目标值如表 2-4 所示。

表 2-4　主要污染物修复目标值

污染物种类	土壤修复目标/(mg/kg)
1,2-二氯乙烷	9.1
氯仿	0.5
氯乙烯	1.7
总石油烃(C6～C9)	230

（二）工程设计

本案例中分析了挖掘后土壤的理化性质，因此决定采用异位气相抽提系统。施工方通过工期和异位修复场地面积，设计了异位气相抽提堆体的尺寸；通过物料衡算以及以往异位气相抽提经验，设计了抽提系统。该异位气相抽提系统中包括 SVE 堆体系统和尾气处理系统。SVE 堆体系统是一个通往土堆内部的水平埋设的两层抽提管路，具体的管路设计参数和图片示意图详见参考文献 [14]。尾气处理系统是由气液分离罐及废液处理系统、风机和气体净化吸附罐组成，通过管线与 SVE 堆体抽提管路连接。该尾气处理系统在修复过程中，可监测尾气排放浓度，并将产生的渗滤液和废水统一收集后送往下一个处理单元。

（三）中试研究验证

为验证异位气相抽提的效果，同时为工程的维护和运行提供必要的参数，需要在工程实施前进行中试效果研究。在本案例中，经过了 14 天的中试试验后，获得了最佳的运行参数。中试试验结果中，经过柱状活性炭的吸附，尾气中挥发性有机气体的去除率都在 98% 以上，符合当地生态环境主管部门对污染气体排放的要求。

（四）工程运行及维护

修复过程分为两个部分，分别是 SVE 堆体系统和尾气处理系统。在 SVE 堆体系统运行中，需要注意要切换不同抽提管路开关，定期停机并打开补气管补气，同时要做好对堆体真空度、管路压降、流量等参数的实时监测。在尾气处理系统中，要做好进气口和排气口气体的采集和监测。同时要每天观测气液分离单元中废气与水的分离情况，防止高含水率的空气对风机造成损坏。

（五）最终修复效果

本案例中，经过现场修复之后，对修复后的土壤样品进行采样并送第三方监测，结果表明，土壤中目标污染物去除率达 92.02%～99.07%，四种主要的目标污染物全部达到了修复目标。

参考文献

[1] 侯恺.污染土壤修复技术综述 [J].江西化工，2019，4：26-29.

[2] 汪霞娟，崔芬祺.我国农田土壤有机农药污染现状及检测技术 [J].黑龙江环境通报，2019，43（1）：28-29.

[3] 臧春明，李艳晶.我国土壤污染现状与治理修复研究 [J].国土资源，2018，4：48-49.

[4] Ferrarese E，Andreottola G，Oprea I A. Remediation of PAH-contaminated sediments by chemical oxidation [J]. Journal of Hazardous Materials，2008，152（1）：128-139.

[5] 金春姬，李鸿江，贾永刚，等.电动力学法修复土壤环境重金属污染的研究进展 [J].环境污染与防治，2004，5（26）：341-344.

[6] 岳战林，蒋平安.石油类污染物的特性及环境行为 [J].石化技术与应用，2006，24（4）：307-309.

[7] 顾廷富，梁健，肖红.大庆油田落地原油对土壤污染的研究 [J].环境科学与管理，2007，32（9）：50-54.

[8] 邹富桢.无机-有机混合改良剂对酸性多金属污染土壤的修复效应 [D].广州：华南农业大学，2016.

[9] 陈春霄，姜霞，战玉柱，等.太湖表层沉积物中重金属形态分布及其潜在生态风险分析 [J].中国环境科学，2011，31（11）：1842-1848.

[10] 陈岩，季宏兵，朱先芳，等.北京市得田沟金矿和崎峰茶金矿周边土壤重金属形态分析和潜在风险评价 [J].农业环境科学学报，2012（11）：2142-2151.

[11] Presley B J，Trefry J H. Heavy metal inputs to Mississippi delta sediments，a historical view [J]. Water Air Soil Poll.，1980，13：481-494.

[12] 刘继东，胡佳晨，王欢，等.某电镀厂旧址铜、镍、六价铬复合污染土壤修复工程实例 [J].环境工程，2019，37：936-939.

[13] 崔双超，齐世明，殷晓波，等.石油烃污染土壤生物修复工程实例 [J].绿色科技，2019，4（2）：83-87.

[14] 杨乐巍，张晓斌，郭丽莉，等.异位土壤气相抽提修复技术在北京某地铁修复工程中的应用实例 [J].环境工程，2016，5：170-172.

[15] 中国地质调查局.污染场地土壤和地下水污染场地调查与风险评价规范：DD 2014-06.

[16] 国家环境保护总局.土壤环境监测技术规范：HJ/T 166-2004.

[17] 高慧鹏.土壤中持久性有机污染物生物可利用性的预测及其生物降解的促进方法 [D].大连：大连理工大学，2014.

[18] 陈刚才，甘露，万国江.土壤有机物污染及其治理技术 [J].重庆环境科学，2000（2）：45-49，162.

[19] 高国龙，蒋建国，李梦露.有机物污染土壤热脱附技术研究与应用 [J].环境工程，2012，30（1）：128-131.

[20] 潘淑颖.土壤中有机氯农药 DDT 原位降解研究 [D].济南：山东大学，2009.

[21] 裴广鹏，李华，朱宇恩.光催化降解土壤中有机污染物的研究进展 [J].能源与节能，2015（03）：87-88.

［22］ 张军，王硕.有机物污染土壤修复技术研究现状 ［J］.山东化工，2019，48（21）：55-56，59.

［23］ 骆永明.污染土壤修复技术研究现状与趋势 ［J］.化学进展，2009，21（Z1）：558-565.

［24］ 张强，梅宝中，周侗.污染土壤修复技术研究现状与趋势 ［J］.环境与发展，2019，31（09）：45-46.

［25］ 周玉璇，龙涛，祝欣，等.重金属与多环芳烃复合污染土壤的分布特征及修复技术研究进展 ［J］.生态与农村环境学报，2019，35（08）：964-975.

第三章　地表水体污染处理修复技术

第一节　地表水相关概述

一、我国地表水体环境现状

　　水是人类及一切生物赖以生存的重要物质，作为一种不可替代的宝贵自然资源，在环境改善、人类生产及经济发展中起到非常重要的作用。地球水圈内全部水体总储量约为 13.86 亿 km^3，覆盖了 70.8% 的地球表面。其中海洋储水量约占 96.5%，陆地储水量占总储水量的 3.5%，在有限的陆地储水量中，淡水约占 73%（约 0.35 亿 km^3），但其中的 0.24 亿 km^3（占淡水储量的 69.6%）分布于冰川、多年积雪、两极和多年冰土中。人类可利用的水只有 0.1065 亿 km^3，占淡水总量的 30.4%。我国河川年平均总径流量约 2700 km^3，位居世界第六位，但人均占有河川年径流量约 2327 km^3，仅相当于世界人均占有量的 1/4。从总量上看，我国是水资源较丰富的国家之一，但由于我国人口基数大，耕地面积广，使得人均占有量较小，并被列为 13 个贫水国家之一。

　　根据《2018 年中国生态环境状况公报》显示，全国地表水监测的 1935 个水质断面（点位）中，Ⅰ～Ⅲ类比例为 71.0%，比 2017 年上升 3.1 个百分点；劣Ⅴ类比例为 6.7%，比 2017 年下降 1.6 个百分点。整体呈现出水质改善态势，但仍存在一些水质污染较为严重的河流及湖泊，2018 年重要湖泊水质见表 3-1。

表 3-1　2018 年重要湖泊水质

水质类别	三湖	重要湖泊
Ⅰ类、Ⅱ类	—	班公错、红枫湖、香山湖、高唐湖、花亭湖、柘林湖、抚仙湖、泸沽湖、洱海、邛海
Ⅲ类	—	色林错、骆马湖、衡水湖、东平湖、斧头湖、瓦埠湖、东钱湖、梁子湖、南四湖、百花湖、武昌湖、阳宗海、万峰湖、西湖、博斯腾湖、赛里木湖
Ⅳ类	太湖、滇池	白洋淀、白马湖、沙湖、阳澄湖、焦岗湖、菜子湖、南漪湖、鄱阳湖、镜泊湖、乌梁素海、小兴凯湖、洞庭湖、黄大湖
Ⅴ类	巢湖	杞麓湖、龙感湖、仙女湖、淀山湖、高邮湖、洪泽湖、洪湖、兴凯湖
劣Ⅴ类[①]	—	艾比湖、呼伦湖、星云湖、异龙湖、大通湖、程海、乌伦古湖、纳木错、羊卓雍错

① 程海、乌伦古湖和纳木错氟化物天然背景值较高，程海和羊卓雍错 pH 天然背景值较高。

二、地表水体污染的来源

地表水体的污染大多是由于人类活动使水体性质改变，会对环境及人类健康造成危害。地表水体污染的来源主要有三种：工业污染、农业污染与生活污染。

（一）工业污染

（1）定义　工业污染是指人类在工业生产过程中，所产生的工业废水、废渣未经处理直接排入地表水体中，对水体造成严重污染。

（2）分类　工业污染根据排放物质的化学组分不同还可分为有机物污染、无机物污染和油类物质污染。有机物污染即工业生产过程中人工合成的各种有机物质未经处理直接排入水体产生的污染；无机物污染即工业生产过程中的无机物质与酸碱反应产生的废液直接排入水体产生的污染，这类污染易导致水体酸化，影响水生生物的生存；油类物质污染是由于油类物质难溶于水，浮于水面上，形成一层油膜，使水体溶解氧难以补充，水中生物缺氧死亡。

（3）特点　工业污染主要来自造纸、印染、冶金、酿酒等行业，其均为水体中 COD 与 BOD 的主要污染来源。除此之外，工业污染还会造成大气污染，产生酸雨现象，酸雨降入河流湖泊，间接对地表水体造成污染。相比于生活污水，工业污水虽水量较少，但其危害远大于生活污水，对生态环境具有极强的破坏力。

（二）农业污染

（1）定义　农业污染是指在农业生产过程中，所产生的化肥农药残留及畜禽粪便等进入地表水体，对水环境造成污染。

（2）分类　农业污染根据污染来源不同主要分为：化肥农药污染、畜禽废弃物污染、农田薄膜污染。化肥农药污染是由于难降解的化肥农药和用后废弃的农药瓶经雨水冲刷流入水体，进而对水体造成污染；畜禽废弃物污染即养殖畜禽所产生的粪便等废弃物未经处理直接丢弃，进入水体导致污染；农田薄膜污染即大棚塑料与地膜等被随意丢弃，进入河面，影响水中植物的光合作用，使水中生态环境失衡。

（3）特点　我国化肥施用量与农药用量常年居于世界前列，大量的化肥流失与难降解剧毒农药，成为水体面源污染主要来源。并且，随着近年来畜禽养殖业的规模化发展，畜禽粪便排放量急剧增加，未经处理的畜禽废弃污染物直接排放或任意堆放，造成氮、磷污染所致的水体富营养化，影响水生态环境。

（三）生活污染

生活污染即指人类在日常生活中所产生的生活垃圾导致的水体污染。生活污水来自厨房、卫生间用水等，这类污水中含有氮磷无机盐、细菌、寄生虫、油类物质等，均会对水体造成不同程度的影响。其中氮和磷会导致水体富营养化，造成藻类暴发，严重破坏水体环境。

三、地表水体污染的危害

地表水受到污染，会对地表水体的生态环境产生影响。大量有机物促进好氧细菌消耗水中溶解氧，使水中溶解氧降低，加剧水体向厌氧状态转化。厌氧环境会增加水生态系统中氢离子浓度，pH 降低，导致水体酸化。水中氮磷含量升高，促进初级生产者的增殖，导致水体富营养化。最终对水生动植物的生存、生长与繁殖造成毒害，破坏生态环境。除此之外，人类健康也会受到地表水体污染的威胁。人类长期饮用受污染的水，会引起多种急性或慢性疾病；有毒物质通过鱼类、贝类等进行食物链富集，人类食用受污染水体中的鱼类、贝类，有毒物质进入人体，也会对人类造成毒害；黑臭水体影响人类日常生活，对人类身心造成伤害。

四、我国关于地表水环境的标准与法律法规

（一）我国地表水环境质量标准

我国现行的地表水环境质量标准为《地表水环境质量标准》（GB 3838—2002），此标准较于先前施行的标准增加了大量的有机物指标，基本项目限值见表3-2。

表 3-2　地表水环境质量标准基本项目标准限值表（GB 3838—2002）

序号		Ⅰ类	Ⅱ类	Ⅲ类	Ⅳ类	Ⅴ类
基本项目	pH 值（无量纲）	6～9				
	溶解氧/(mg/L) ≥	饱和率90%（或7.5）	6	5	3	2
	高锰酸盐指数/(mg/L) ≤	2	4	6	10	15
	化学需氧量(COD)/(mg/L) ≤	15	15	20	30	40
	五日生化需氧量(BOD_5)/(mg/L) ≤	3	3	4	6	10
	氨氮(NH_3-N)/(mg/L) ≤	0.015	0.5	1	1.5	2
	总磷（湖、库，以 P 计）/(mg/L) ≤	0.01	0.025	0.05	0.1	0.2
	总氮（湖、库，以 N 计）/(mg/L) <	0.2	0.5	1	1.5	2
	铜/(mg/L) ≤	0.01	1	1	1	1
	锌/(mg/L) ≤	0.05	1	1	2	2
	氟化物（以 F^- 计）/(mg/L) ≤	1	1	1	1.5	1.5
	硒/(mg/L) ≤	0.01	0.01	0.01	0.02	0.02
	砷/(mg/L) ≤	0.05	0.05	0.05	0.1	0.1
	汞/(mg/L) ≤	0.00005	0.00005	0.0001	0.001	0.001
	镉/(mg/L) ≤	0.001	0.005	0.005	0.005	0.001
	铬（六价）/(mg/L) ≤	0.01	0.05	0.05	0.05	0.1
	铅/(mg/L) ≤	0.01	0.01	0.05	0.05	0.1
	氰化物/(mg/L) ≤	0.005	0.05	0.2	0.2	0.2
	挥发酚/(mg/L) ≤	0.002	0.002	0.005	0.01	0.1
	阴离子表面活性剂/(mg/L) ≤	0.2	0.2	0.2	0.3	0.3
	硫化物/(mg/L) ≤	0.05	0.1	0.2	0.5	1
	粪大肠菌群/(个/L) ≤	200	2000	10000	20000	40000
水源地项目	硫酸盐（以 SO_4^{2-} 计）/(mg/L)	250				
	氯化物（以 Cl^- 计）/(mg/L)	250				
	硝酸盐（以 N 计）/(mg/L)	10				
	铁/(mg/L)	0.3				
	锰/(mg/L)	0.1				

注：1.工业用水水质需达到Ⅲ类水标准。

2.当作为饮用水水源地时需检测水源地补充项目。

（二）我国水污染防治法律及行政管理制度

1. 相关法律制度

我国现行有关水污染防治的法律主要有《中华人民共和国环境保护法》《中华人民共和国水法》和《中华人民共和国水污染防治法》。新《中华人民共和国环境保护法》于2015年颁布施行，《中华人民共和国水法》于2002年颁布施行，《中华人民共和国水污染防治法》于2008年颁布，现行版本为2017年6月27日第十二届全国人民代表大会常务委员会第二十八次会议修正，于2018年1月1日施行。

新《中华人民共和国环境保护法》对三同时制度、排污许可制度、污染联防联控、排污总量控制制度、征收排污费制度等进行了定义；《中华人民共和国水法》则是涉及对水资源开发利用及水灾等部分，并对污染物排放总量控制制度、饮用水水源保护区制度以及政府责任进行了规定；新《中华人民共和国水污染防治法》于2018年1月1日开始施行，该法针对水污染防治、工业水污染、城镇水污染、农业水污染的处置方法和法律责任进行了规定，也创新性地提出了河长制的相关内容，为水污染防治法律作出了重要补充和规定。

2. 相关行政管理制度

《中华人民共和国水污染防治法》修改过后的最大亮点就是确立了"河长制"。"河长制"是指在全国建立省、市、县、乡四个层级的河长，分别由各级的党政负责人担任，由河长负责各自管理区域内的水资源保护、水污染防治等工作。河长制最早起源于2007年太湖污染事件，由于污染导致蓝藻大量繁殖、堆积、腐烂，分解出大量硫化物，严重影响太湖的水安全。无锡市政府先是将水质检测结果纳入政绩考核内容，紧接着又任命市政府及其他相关部门的主要负责人为河长，对无锡市的主要河流负责。因为此举措收效甚好，所以引起其他省市纷纷效仿，在各自行政区划内开始实施河长制。2016年12月，中共中央办公厅、国务院办公厅印发了《关于全面推行河长制的意见》（以下简称《意见》），正式提出在全国范围内实施河长制。2017年新《中华人民共和国水污染防治法》颁布，河长制作为一项新确立的管理制度写在了新法的总则部分。这也是我国水污染防治工作的一个重要成果。

第二节　地表水体修复工艺

目前，国内外采用的地表水体修复方法根据其原理的不同大致分为三类：物理修复法、化学修复法和生物修复法，见图3-1。

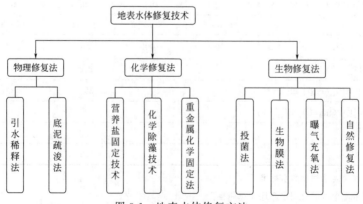

图3-1　地表水体修复方法

一、地表水体修复物理法

（一）引水稀释法

1. 基本原理

引水稀释法即直接从外部引入低营养盐的清洁水来稀释受污染水体，甚至完全更换部分水体。在稀释和冲刷的过程中能够达到降低营养物浓度和减少藻类生物量的目的，使水体富营养化等污染现象得到控制。

2. 工艺流程

（1）引水稀释的适用条件　引水稀释并不适用于全部水体功能区，其主要适用于调输水区域、渔业用水区域、生态环境用水区及与人类直接接触或间接接触的景观娱乐区，其他的例如农业用水区域、工业用水区域、过渡区和排污控制区就不适宜采用引水稀释法。

在较适宜的区域采用引水稀释法前须进行污染物类型和水域特征等水质情况的调查。以下几种情况不宜采用引水稀释法：对于重金属污染较为严重的水体，因在引水稀释过程中，冲刷作用会导致污染转移，造成二次污染；对于只有岸边污染带的较宽水域，耗费水量大，成本较高且难操作；若水域污染物主要为难降解的、可积累的有毒物质，也不宜采用引水稀释的方式解决污染问题，应通过控制污染源来预防污染。所以，一般情况下，引水稀释只适用于较小的河流、深度较浅的湖泊或城市中的某些污染水域。

（2）稀释污染物的选取　针对不同水功能区的资源性和价值性特征，依据水体污染状况，确定污染物对水体的损害程度。通常情况下，同一污染水平的不同污染物对不同功能的水体损害程度不同。例如，农业灌溉用水中，营养物质一般是有益的，重金属则有毒害；不与人体直接接触的观赏水域，重金属的影响不大，而营养物质成为有害因素。所以，针对可采用引水稀释法的不同水功能区，因其不同的污染特性，需确定不同的主要控制污染物种类及决定引水稀释量的指标，具体见表 3-3。

表 3-3　主要控制污染物及引水稀释量标准

水功能区	主要控制性污染物	引水稀释量标准
渔业用水区	营养物质	以 N、P 达标为准
调输水区	有机污染物	以 BOD 达标为准
景观娱乐用水区	嗅、色、总大肠菌群	以色度达标为准
生态环境用水区	盐类、酸碱度	以盐类达标为准

3. 工艺优缺点

（1）优点

① 在水质污染严重影响生产生活的地区，引水稀释能够快速产生效果。

② 引水稀释使水体自净能力增强，水环境容量增加。

③ 引水稀释能在一定程度上改变景观生态的污染现状，使其逐渐恢复生态功能和娱乐功能。

（2）缺点

① 沉积于水底的污染物质由于冲刷作用重新悬浮，引起水体的二次污染。

② 流速难以控制，流速过快会使污染物沉淀的速度受到抑制。

③ 在引水过程中，也会引走引出方水体中的生物。若引水不在同一个流域或环境条件范围内，引入方水体的生物群落结构将受到引水中生物群落的冲击和影响，严重时可能导致生物入侵。其后果将对双方水体的生物群落结构造成影响。

4. 引水稀释工程计算

引水稀释的水质模型可分为完全混合型和非均匀混合型两大类。根据引水稀释适用的条件，以完全混合型水质模型来计算引水稀释用水，示意图见图3-2。

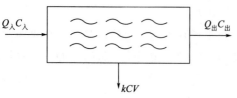

图 3-2 完全混合型水质模型示意图

完全混合型水质模型适用于持久性污染物，河流充分混合段且为恒定流、废水连续稳定排放的水域。根据物质平衡原理，对于易降解的污染物质，完全混合型水质模型的基本方程为：

$$V(C+\Delta C)-VC=Q_入 C_入 \Delta t-Q_出 C_出 \Delta t-kVC\Delta t \tag{3-1}$$

$$V\frac{dC}{dt}=W-Q_出 C_出 -kCV \tag{3-2}$$

$$\frac{dC}{dt}=\frac{W}{V}-\frac{Q_出 C_出}{V}-kC \tag{3-3}$$

式中 V——修复水域的储水量，m^3；

C——水体污染物质浓度，mg/L；

W——从各途径排入水域的污染物质的量，kg/a，$W=Q_入 C_入$；

$Q_入$——进入水域的污染物流量，m^3；

$C_入$——进入水域的污染物浓度，mg/L；

$Q_出$——出水域流量，m^3；

t——时间，s；

k——水域中某污染物质的降解率，a^{-1}。

由数学模型定义可知，$C_出=C$，再令 $\rho=\dfrac{Q_出}{V}$，$W=Q_入 C_入$，则有：

$$\frac{dC}{dt}=\frac{W}{V}-\rho C-kC \tag{3-4}$$

在满足某种污染物水质标准 C_s 要求的情况下，以现状排入的污染物作为水域的允许排放总量，反求水域在满足水质标准要求下的需水量，即得引入的水量：

$$V_总=\frac{W}{C_s(k'+\rho')} \tag{3-5}$$

$$V_引=V_总-V \tag{3-6}$$

式中 k'——水域蓄水量为 $V_总$ 时的污染物降解系数，a^{-1}；

ρ'——相应于 $V_总$ 的水力冲刷速率，a^{-1}。

不同的水文状况下（丰水年、平水年、枯水年），ρ' 的值不同，为了更好地保证河流或湖泊的水环境质量，以其平水年的多年平均值为准。k' 值根据相应水量下的实际降解情况来确定。

（二）底泥疏浚法

1. 基本原理

底泥疏浚根据疏浚目的不同可分为工程疏浚和生态疏浚，这两种疏浚在疏浚工程目标、生态要求等方面是不同的，如表3-4所示。生态疏浚是将工程与生态环境相结合的水体修复技术，目的是通过底泥的疏挖去除受污染水体底泥中所含的污染物，清除污染水体的内源，减少底泥污染物向水体的释放，并为水生生态系统的恢复创造条件。底泥疏浚的机械设备种类较多，包括专用疏浚设备与常规挖泥船，根据吸泥方式不同有耙吸式、绞吸式、链斗式、抓斗式挖泥船吸泥和静水吸泥等。

表3-4　生态疏浚与工程疏浚的区别

项目	生态疏浚	工程疏浚
生态要求	为水生植物恢复创造条件	无
工程目标	清除存在于底泥中的污染物	增加水体容积，维持航行深度
边界要求	按污染土层分布确定	底面平坦，断面规则
疏挖泥层厚度	较薄，一般小于 1 m	较厚，一般几米至几十米
对颗粒物扩散限制	尽量避免扩散及颗粒物再悬浮	不作限制
施工精度	5～10 cm	20～50 cm
设备选型	标准设备改造或专用设备	标准设备
工程监控	专项分析严格监控	一般控制
底泥处置	泥、水根据污染性质特殊处理	泥水分离后一般堆置

2. 运行方式

（1）生态疏浚方案制订

① 污染情况调查及疏挖方案。在进行底泥疏浚前需进行一系列的污染情况调查，包括水体底泥沉积特征、底泥中污染物浓度及分布规律、底泥物理力学指标、底泥中污染物潜在生态危害指数评价、污染底泥量测算等。根据污染情况调查结果制订疏挖方案，方案包括确定疏挖范围及规模、划分疏浚作业区及工程量、选定污染底泥存放堆场地址、选配疏挖设备、制订疏挖施工工艺流程、确定堆场围捻及泄水口形式等。

② 底泥处置及堆场余水方案。疏浚底泥处置包括对沉淀后余水及污染底泥的处理，其方案包括污染底泥处置、堆场余水水质控制、余水处理工艺、泥浆干化脱水、堆场二次污染防范措施、底泥综合利用等。

③ 投资估算及财务分析方案。包括投资估算、资金筹措、财务评价、工程效益分析等。项目实施组织机构包括工程实施组织机构及工程进度安排。

（2）生态疏浚工艺流程　将底泥从水下疏挖后输送到岸上通常有两种方式，分别为有管道输送和驳船输送。管道输送具有工作连续、生产效率高的优点，当含泥率低时可长距离输送，输泥距离超过挖泥船排距时，还可加设接力泵站，工艺流程如图3-3所示。驳船输送为

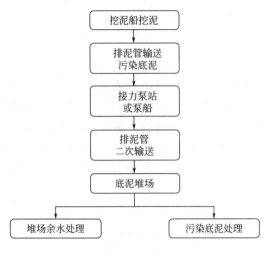

图 3-3　污染底泥疏浚工艺流程图

间断输送方式，即将挖泥船挖出的泥装入驳船，运到岸边，再用抓斗或泵将泥排出。这种运泥方式工序繁杂，生产效率较低，一般用于含泥量高或输送距离过长的场合。

（3）堆场余水及污染底泥处置　为防止底泥疏浚产生的堆场余水对环境造成二次污染，须采用以下措施对堆场余水进行处理。

① 优化堆场设计，强化自然沉淀效果。

② 降低吹填后期泥浆流量，延长余水在堆场的滞留时间。

③ 泄水口外设置防护屏，防止污染物在受纳水体中扩散。

④ 投放化学药剂，降低堆场余水中污染物含量。投放混凝剂强化堆场沉淀效果的工艺流程见图 3-4。

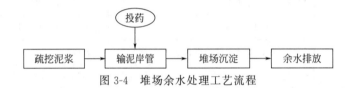

图 3-4　堆场余水处理工艺流程

污染底泥中含有各种对环境有害的污染物，不能直接吹填堆放，需经过无害化处理或采取防止污染扩散的措施，来防止污染底泥的二次污染。污染底泥处置的基本原则为根据底泥中污染物种类，选择有效的处理方法，保证处理效果。除此之外，因污染底泥疏浚一般工程量浩大，所以选择处理成本低的处理工艺。同时要保证污染底泥处理过程中不产生二次污染，并在可能的条件下，将污泥处置与综合利用相结合。底泥的综合利用途径包括以下几种。

① 建立湖滨绿化带，沿湖岸边绿化，地面植草，使堆场所在地形成绿化带。既可防风，又可保持水土，美化环境，并起到防止污染土扩散的作用。

② 填地造景，开发旅游资源，但应避免人为活动加强而引起排污强度的提高。

③ 水体底泥中往往富含氮、磷、钾等多种营养元素，同时还含有普通矿物肥料中所缺少的有机质及多种微量元素，无害化处理后可作为林地肥料再利用。

④ 可用底泥制造聚合物基废弃物复合材料、建筑墙体材料、混凝土轻骨料、硅酸盐胶凝材料。

3. 底泥疏浚的缺点

① 生态疏浚的精度和准确度要求较高。

② 生态疏浚产生的淤泥还需要进一步处理，工程量较大。

③ 底泥疏浚破坏了水体底部生物和水生植物环境，进而造成对底栖生物生境的直接破坏。

④ 治理费用昂贵。

二、地表水体修复化学法

地表水体修复化学法是根据水体中污染物种类、数量、特性的不同，通过向水体中加入一定量的化学药剂，发生絮凝、沉淀、络合等化学反应，使污染物从水体中去除的方法。根据化学药剂的不同，通常有营养盐固定法、化学除藻法、重金属固定法等。

（一）营养盐固定技术

1. 基本原理

营养盐固定技术是向水体中投加钙盐、铁盐、铝盐等药剂，通过吸附中和、压缩双电层和架桥等作用原理，与河水中溶解态磷形成不溶性固体进而转移到底泥中。有研究表明，天然水体底泥中铁磷和钙磷相对于铝磷更不易从水体底泥中溶出，因此应尽量使用铁盐、钙盐来沉淀磷。

2. 影响因素

河流底泥中的磷释放与磷的存在形态有着密切的关系，此外还与温度、溶解氧浓度、pH、底泥中微生物活动、泥水界面的扰动状况紧密相关。例如，将水体底泥控制在一定条件下，投加石灰石可以提高水体的 pH 值，使其维持在微生物比较容易脱磷的状态。同样实验研究表明升高温度、厌氧状态、酸性或碱性环境可以促进底泥磷释放。因此从使用化学药剂固定磷的角度，应使河流中的 pH 处于中性水平。

（二）化学除藻技术

化学除藻法是直接向水体中投加化学药剂以抑制藻类生长的方法，是当前国内外使用比较广泛的一种方法。常用的化学除藻法包括化学药剂除藻法、絮凝剂除藻法，以及近年来兴起的在高等植物中提取有效成分除藻的方法（即生物化学方法）等。

1. 化学药剂除藻法

能起到除藻效果的化学药剂种类繁多，大致包括金属离子杀藻剂（如硫酸铜、含铜有机螯合物等）和氧化剂（如过氧化氢、臭氧和二氧化氯等）。研究发现藻细胞表面含硫、氮和氧的官能团对金属离子有很强的亲和性，因此藻细胞可以对金属离子进行有效吸附。

2. 絮凝剂除藻法

絮凝剂除藻是指利用一些具有吸附特性的天然物质如海泡石、膨润土、蒙脱石、活性炭和壳聚糖等进行吸附沉淀藻类，具有无毒无害、使用方便、吸附效果明显和廉价等特点。无机絮凝剂主要包括铁盐类和铝盐类，其中铁盐类有氯化铁（FC）、硫酸铁（FS）、聚合硫酸铁（PFS）、聚合氯化铝铁（PAFC）等，铝盐类有聚合氯化铝（PAC）、硫酸铝（AS）、聚合硫酸铝（PAS）等。

3. 生物化学方法

该方法是从高等植物中提取有效成分的一种方式，针对天然产物或植物源的化学杀藻剂，由于选择性较强，残留期短，在蓝藻水华防治方面的应用受到广泛关注。其中，中药植物在我国分布广泛，价格低廉，绿色环保，可以作为药材直接被人类摄入，近几年来中草药对蓝藻及其他藻类的去除作用已经展开大量研究。

（三）重金属化学固定法

河流底泥中的重金属在一定条件下会以离子态或某种结合态进入水体，但通过加入碱性物质，调高河水的 pH 值，重金属会形成硅酸盐、碳酸盐、氢氧化物等难溶性沉淀物，固定在底泥中。

在河流水生生态系统中，重金属的物理迁移、化学形态和生物学归宿都受到水体自身特性的影响。生物体的直接吸附及生物体的扰动都会导致底泥与上覆水之间建立新的平衡，从而延长底泥中重金属污染物的生物有效性的时间周期，因此如果能将重金属结合在底泥中，抑制重金属的释放，则可降低其对河流生态系统的影响。调高 pH 是将重金属结合在底泥中的主要化学方法。相反，水体中存在一定浓度的重金属盐，又可以反过来牵制水体中营养盐的迁移。

在较高 pH 环境下，重金属会形成硅酸盐、碳酸盐、氢氧化物等难溶性沉淀物。加入碱性物质将底泥的 pH 控制在 7～8，可以抑制重金属以溶解态进入水体。其中碱性物质使用量的多少，需要参照底泥中重金属的种类、含量及 pH 的高低具体而定，但实际上碱性物质的量不宜过多，以免对水生生态造成破坏。

三、地表水体修复生物法

（一）投菌法

1. 集中式生物系统（CBS）技术

（1）基本原理　集中式生物系统（central biologcal system，CBS）技术，是美国 CBS 公司开发研制的一种高科技生物修复水体工艺。CBS 水体修复技术是在自然流动的水体中，无任何固定设备，仅采用喷洒微生物的方法将被污染河道水体中的有机物转化为无机物。CBS 技术中使用的生物制剂无毒无害，主要目的是将水中具有水体自净功能的微生物唤醒激活，使其快速繁殖，并在一定程度上抑制有害微生物的生长。

（2）工艺构成　CBS 技术的主体是向水体中投加的生物制剂，该微生物制剂是由多种功能微生物所组成的微生物生态系统。此生态系统能够良性循环，主要包括光合菌、孔酸菌、放线菌、酵母菌等功能微生物。

（3）工艺作用

① 有效控制有机污染及水体富营养化。

② 解决黑臭水体问题，无二次污染。

③ 实现泥水分离，防止底泥对水体造成内源污染。

2. 有效微生物群（EM）修复技术

（1）基本原理　有效微生物群（effective microorganisms，EM）技术是由日本比嘉照夫教授成功研制的复合微生物技术，有效微生物群落配伍的基本原理是基于头领效应的微生物群体生存理论和抗氧化学说（即各类微生物群居必有其头领菌群起主导性的作用），以光合细菌为中心，与固氮菌并存、繁殖，采用适当的比例和独特的发酵工艺把经过仔细筛选出的好气性和嫌气性微生物加以混合后培养出多种微生物群落。

（2）工艺构成　EM 由多种细菌组成，既有分解性细菌，又有合成性细菌，既有厌氧菌、兼性菌，又有好氧菌。作为多种细菌共存的一种生物体，激活后的 EM 通过驯化在污水中迅速生长繁殖，能快速分解污水中的有机物，同时依靠相互间共生繁殖及协同作用，代谢出抗氧化物质，生成稳定而复杂的生态系统，并抑制有害微生物的生长繁殖，抑制含硫、氮等恶臭物质产生的臭味，激活水中具有净化水功能的原生动物、微生物及水生植物，通过这些生物的综合效应从而达到净化水体的目的。EM主要菌种见表3-5。

表3-5　EM主要菌种

菌种	种类	特点	作　　用
光合细菌	好气性/嫌气性菌	属于独立营养微生物	① 可将土壤中的硫氢化合物或碳氢化合物中的氢分离出来,变有害物质为无害物质; ② 对动植物的生命活动和生长发育发挥作用; ③ 代谢物质能被植物直接吸收,可成为其他微生物繁殖的养分; ④ 光合细菌能明显促进放线菌、固氮菌等微生物的生长,从而增加土壤肥力; ⑤ 促进生物生长和净化环境
乳酸菌	嫌气性菌	靠摄取光合细菌、酵母菌产生的糖类形成乳酸	① 可分解在常温条件下不易分解的木质素和纤维素,使未腐烂的有机物发酵,并转化成对动植物易于吸收的养分; ② 具有较强的杀毒杀菌能力,有显著抑制有害微生物活动的作用; ③ 能合成纤维素,有利于动物的保健、营养,促进消化吸收和生长发育
酵母菌	好气性菌	本身含有大量的蛋白质、丰富的营养素,是重要的营养功能性细菌	① 可对包括土壤、水体等各种基质环境中有效养分进行合理的转化和高效率吸收; ② 具有发酵分解作用,可促进EM混合液在应用和繁殖过程中各类有效微生物的增殖,对动物体有保健和促进消化吸收的作用
放线菌	好气性菌	能产生大量的抗生素	① 调节微生物区系、抑制病原菌和控制病害发生,增强动植物对病害的抵抗力和免疫力; ② 可降解难分解的物质如纤维素、木质素、甲壳素等,从而降解腐殖质,加速养分转化
丝状菌	嫌气性菌	主要以发酵酒精时使用的曲霉菌属为主体	① 能和其他微生物共存,尤其对土壤中酯的生成有良好效果; ② 能抑制蛆和其他有害昆虫的生长,并有消除恶臭的效果

3. 固定化微生物技术

（1）基本原理　固定化微生物技术是利用化学或物理手段将游离微生物的活动限定于一定的空间区域内,并使其保持活性,可以反复利用。与游离微生物相比,固定化微生物技术具有微生物密度高、反应速度快、产物分离容易、反应过程控制较容易等优点。

（2）固定微生物方法

① 吸附法。吸附法是依靠载体与微生物之间的分子力、疏水力或者离子键将二者结合在一起,吸附材料可以选用无机或有机材料。该方法操作简单,反应条件温和,不影响细胞活性。

② 交联法。交联法是借助双功能团试剂使微生物之间发生交联,凝集成网格状结构,将微生物固定在网格内。交联法固定的微生物成团状,悬浮于水中,易于沉降和收集。双功能团的试剂很多,目前唯一使用的是戊二醛。固定时,先用凝聚剂将微生物凝集,再加入戊二醛与细胞表面反应,微生物彼此结成网状结构,然后解毒活化。交联法反应比较剧烈,会降低微生物的活性,选择适当的反应条件,可以降低交联法对微生物的毒害。

③ 包埋法。包埋法是通过凝胶型包埋剂包裹微生物,把微生物包裹在凝胶的微细格子

里。包埋剂为有机材料,选择时要考虑材料的耐降解性、材料的强度和操作的难易程度,有时还要照顾到透光性。

(3)固定微生物材料 固定微生物的材料分为无机材料、有机材料、生物材料,其代表材料及特点如表 3-6 所示。

表 3-6 固定微生物代表材料及特点

材料种类	代表材料	特点
无机材料	砂石、矿渣、陶砾、陶瓷、沸石、无烟煤、海绵	价格低廉、机械强度高、化学性质稳定
有机材料	琼脂、海藻酸钠、聚乙烯醇和软性纤维	琼脂主要用作包埋剂,通过包埋的方法固定微生物软性纤维用作吸附材料,以吸附的方法固定微生物。 海藻酸钠最易包埋成球,包埋球的强度和稳定性最好。 软性纤维由尼龙、维纶或者涤纶等材料制成,具有质轻、强度高、纤维束比面积大的特点,微生物容易附着在其表面生长,实用性很强
生物材料	活性污泥	以活性污泥为载体,可以利用活性污泥中的微生物,将大分子有机物降解成小分子有机物,为微生物提供生长基质

(4)工艺作用

① 可利用非絮凝体的微生物,还能同时培养和利用增殖速度缓慢的微生物,并维持高的微生物浓度。

② 降低毒性物质对生物的影响。

③ 污染物去除率较高。

④ 剩余污泥产生量少。

(二)生物膜法

1.基本原理

生物膜法净化水体是对天然水体中所发生的生物过程的一种强化,将天然过程与人工过程结合起来。该法根据天然河床上附着的生物膜的净化作用及过滤作用,加入人工填充滤料或载体,供细菌絮凝生长,形成生物膜。当污染的河水经过生物膜时,污水和滤料或载体上附着生长的菌胶团开始接触,菌胶团表面由于细菌和胞外聚合物的作用,絮凝或吸附了水中的有机物,与介质中的有机物浓度形成一种动态的平衡,使菌胶团表面既附有大量的活性细菌,又有较高浓度的有机物,成为细菌繁殖活动的适宜场所。由于这种有利条件,菌胶团表层的细菌迅速繁殖,很快消耗水中有机物,污染水体中的有机物大部分被去除,水质得到改善。

2.常见的生物膜法

(1)砾间接触絮化法 该方法是通过人工填充的砾石,使水与生物膜的接触面积增大数十倍,甚至上百倍。水中污染物在砾间流动过程中与砾石上附着的生物膜接触、沉淀,进而被生物膜作为营养物质而吸附、氧化分解,从而使水质得到改善。

(2)排水沟渠的接触絮化法 该方法是在排水沟渠内或在排水沟渠外设置净化设施,在设施内填充粒状、细线状、垫子状、波板状接触材料及砾石和塑料等,利用接触材料比表面积大、空隙率高的特点,使大量的微生物附着在其表面,形成生物膜。当污水流过净化装置时，其中的污染物质与生物膜接触被吸附、沉淀，进而被分解。这样，污水在排入河流之前就能得到充分的净化，从源头上阻止了污染物对河流的污染。同时，还能对污染的河流起到稀释作用。该方法具有净化效果好、便于管理的特点，且通常在几十厘米深的沟渠中进行，无须进行曝气，所以能够充分节省能源。

（3）生物活性炭填充柱净化法　该法是一种以活性炭为填料的生物膜净化法，是利用活性炭对基质的强吸附能力，同时为微生物的附着生长提供较大的比表面积。其中，主要以三个效应来使受污染水体的水质得到改善：第一，细菌分解水中有机物的生物膜效应；第二，微生物吸附在活性炭上分解有机物的生物再生效应；第三，活性炭微孔隙捕捉有机物的吸附效应。该方法充分发挥了活性炭比表面积大、空隙大、吸附性能好的特性，使附着在其表面的微生物种类多、数量大、活性强、增殖速度快，形成了吸附与好氧生物膜的完美结合，进一步提高了生物膜的净化能力。

（4）薄层流法　河流的净化作用主要在于河床上附着的生物膜，生物膜面积增大，通过膜表面的水的流量就会减少，生物膜的净化能力就得到了增强。薄层流法就是使水流形成水深数厘米的薄层流过生物膜，使河流的自净作用增强数十倍。

（三）曝气充氧法

1. 基本原理

曝气充氧技术是根据水体受到污染后缺氧的特点，人工向水体中充入空气或氧气，加速水体复氧过程，以提高水体的溶解氧水平，恢复和增强水体中好氧微生物的活力，使水体中的污染物质得到净化，从而改善水体的水质。

河水中溶解氧的含量是反映水体污染状态的一个重要指标，受污染水体溶解氧浓度变化的过程反映了河流的自净过程。当水体中溶解氧含量较高时，河水中的有机物往往为好氧菌所分解，使水中溶解氧含量降低，溶解氧浓度低于饱和值时，大气中的氧就会溶解到河水中，补充水中消耗掉的溶解氧。但如果有机物含量过多，溶解氧消耗过快，大气中的氧来不及供应，水体的溶解氧量就会逐渐下降，直至消耗殆尽，从而影响水生态系统的平衡。当河水中的溶解氧耗尽之后河流就出现无氧状态，有机物的分解就从有氧分解转为无氧分解，水质就会恶化，甚至出现黑臭现象。当河水受到严重的有机污染，导致污染源下游或下游某段河道处于缺氧或厌氧状态时，如果在适当的位置向缺氧河水中进行人工充氧，就可以避免出现缺氧或厌氧河段，使整个河道自净过程始终处于好氧状态。因此，采用人工曝气的方式向河流水体充氧，可加速水体复氧过程，提高水体中好氧微生物的活力，进而改善水质。

2. 工艺构成

首先根据水体特征的不同确定曝气充氧方式，水体特征例如：需曝气河道水质改善的要求，包括消除黑臭、改善水质、恢复生态环境等；河道条件，包括水深、流速、河道断面形状、周边环境条件等；河段功能要求，包括航运功能、景观功能等；污染源特征，如长期污染负荷、冲击污染负荷等。根据各项水体特征的不同，曝气充氧法一般采用固定式充氧站和移动式充氧平台两种方式。

（1）固定式充氧站　该法是在需要曝气充氧的河段上安装固定的曝气装置，可以采用不同的曝气形式。当河水较深，需要长期曝气复氧，且曝气河段有航运功能要求或有景观功能要求时，一般宜采用鼓风曝气或纯氧曝气的形式。即在河岸上设置一个固定的鼓风机房或液氧站，通过管道将空气或氧气引入设置在河道底部的曝气扩散系统，达到增加水中溶解氧的目的。这种曝气形式一般由机房、空气（或氧气）扩散器和相关管道组成，机房内设有鼓风机或纯氧设备。

纯氧曝气即采用液氧为氧源，通过管道式布气扩散系统对河道进行人工充氧，有效地满足了水体的需氧要求。而当河道较浅，没有航运功能要求或景观要求，主要针对短时间的冲击污染负荷时，一般采用机械曝气的形式，即将机械曝气设备直接固定安装在河道中对水体进行曝气，以增加水体中的溶解氧。

（2）移动式充氧平台　该法是在需要曝气增氧的河段上设置的不影响河道航运功能，并且可以自由移动的曝气增氧设施。常见的移动式曝气设备为曝气船，这种曝气形式的突出优点是可以根据曝气河道水质改善的程度，机动灵活地调整曝气船的运行，从而达到经济、高效的目的。

3. 工艺作用

曝气充氧技术综合了曝气氧化塘和氧化渠的原理，在河道治理中的作用主要体现在以下几个方面。

① 加速水体复氧过程，使水体的自净过程始终处于好氧状态，提高好氧微生物的活力，同时在河底沉积物表层形成一个以兼氧菌为主的环境，且具备了好氧菌群生长的潜能，从而能够在较短的时间内降解水体中的有机污染物。

② 充入的溶解氧可以迅速氧化有机物厌氧降解时产生的 H_2S、甲硫醇及 FeS 等容易导致水体黑臭的物质，有效改善水体的黑臭情况。并且，产生的沉淀在水底氢氧化铁沉积物表面形成一个较密实的保护层，在一定程度上减弱了上层底泥的再悬浮，减少底泥中污染物向水体的扩散释放。

③ 增强河道水体的紊动，有利于氧的传递、扩散以及液体的混合。

④ 可以减缓底泥释放营养盐的速度。

（四）自然修复法

地表水自然净化法是指当有机污染物质进入地表水体，随着时间的推移和水体的流动，有机污染物分散、浓度降低，同时水质得到恢复。这种自然演替过程称为水体的自净。水体自净的过程包含物理、化学及生物三种过程，其中物理过程包括氧化、吸附、还原及凝聚等，生物过程是指水体中微生物分解利用有机污染物的过程。

1. 地表水污染的植物修复技术

（1）地表水污染的植物修复的定义　地表水因其水量大、分布广等特点，决定了地表水污染控制与修复不能与生活污水或工业废水一样选用传统的混凝沉淀、吸附、萃取、离子交换、膜分离等处理工艺和设备进行集中处理。这为地表水污染控制与修复带来了很大的难度。植物修复技术是根据超耐受性理论以及植物超量吸收积累一些化学元素为理论基础。通过高等水生植物与其根际土著微生物的协同作用实现对污染的控制及处理的一种技术。水生植物对污染水体中的氮、磷等会导致水体富营养化的物质有较好的去除效果，同时对水生态系统的重建有着重要意义，达到恢复地表水自然生态功能的目的。

（2）地表水污染的植物修复机理　地表水污染的植物修复机理主要是利用水中微生物及藻类等水生植物共同作用，在其适宜的条件下生长，并将水中引起富营养化的物质，例如N、P及重金属等污染物吸收到根、茎、叶等不同部位。既满足了植物自身的生长需求，又实现了改善地表水水质的目的。

① 植物吸收。水生植物为保证其自身生长繁殖需要，往往需要摄取 N、P 等营养物质。水生植物吸收营养物质的方式包括根部吸收和浸没水体中茎叶吸收。此外，水生植物对重金属和有机物有一定的吸附作用。水生植物可以通过吸收降解、脱毒后存储于植物内，后期可以利用收割植物的方式将污染物质去除。

② 植物富集。水生植物大多对污染物有一定耐受能力，可以富集水体中的重金属、有机物等，达到将水体中有害物质转移富集至水生植物中的目的，并降低地表水体中的污染物浓度。如水生植物凤眼莲，能够解除水体中的酚对植株的毒害。

③ 微生物降解。微生物降解在地表水体植物修复中发挥重要作用。微生物通过自身的新陈代谢活动降解水中的有机污染物，同时水生植物的根系也能通过分解有机物的方式促进更多微生物在植物根系上富集。厌氧微生物也通过硝化、反硝化的过程，在植物根系外的部分进行污染物降解。

④ 物化作用。物理、化学作用在地表水植物修复中也发挥着积极的作用。水生植物通过吸附、沉降及挥发的原理将污染物质从水体中去除。同时水生植物还可以减小风浪的扰动，达到降低水的流速、水面风速的作用，可以保证固体悬浮物在水中的沉淀过程，也避免了固体污染物再度分散上浮的现象。水生植物还具有保温隔热的能力，这可以避免人工湿地土壤冻结现象的发生。

⑤ 其他作用。除了上面提到的作用以外，水生维管束植物可以通过植物的根系、茎进行气体的传输与释放，为好氧微生物对有机物的分解提供良好的环境。水生植物也可以在一定程度上抑制浮游藻类的繁殖与生长。除了对污染物去除的贡献外，水生植物还有一定的观赏价值，对改善水体周围的环境有一定作用。作为生态系统中重要的一部分，为鱼类、鸟类提供生存所需的食物。

（3）地表水污染修复水生植物的分类

地表水污染修复水生植物包括水生藓类、高等藻类，以及水生维管束植物三大主要类型。其中水生维管束类植物因其个体高大、机械组织发达等特点，适宜在受污染水体中培养生存的优势，应用最为广泛。水生维管束植物又可以被分类为漂浮植物、沉水植物、浮叶植物和挺水植物。这些植物可以在修复中单独使用，亦可通过多种植物联合种植来实现更好的水体污染修复效果。具体水生植物分类与特点见表 3-7。

表 3-7　水污染修复水生植物的分类及特点

生活型	生长特点	代表植物
漂浮植物	植物体漂浮于水面,拥有特殊的适应漂浮生活习性的组织结构	浮萍、凤眼莲
沉水植物	植物体沉于水气界面以下,植物根部扎于底泥或漂浮于水体中	金鱼藻、狐尾藻
浮叶植物	根茎生于底泥,叶漂浮于水面	睡莲、莕菜
挺水植物	根茎生于底泥中,植物体上部挺出水面	芦苇、香蒲

（4）地表水污染修复水生植物的应用

① 工业废水治理。工业废水因为其含有大量有机物和重金属，处理起来比较困难。一些水生植物对有机污染物和重金属有着很好的去除能力。水生植物如浮萍、紫萍、水葫芦、水花生等可以用来去除污染水体中多环芳香烃化合物等有毒物质。水生植物还可以用来处理含双酚、邻苯二甲酸酯的工业废水。凤眼莲对合成洗涤剂也有着很好的处理效果。

② 城市生活污水治理。水生植物在城市生活污水处理中常被用于二级处理后出水的进一步处理，力求达到更好的出水水质。例如芦苇等水生植物可以用来针对性处理城市生活污水中的 BOD、COD、SS 等污染物。并且以浮萍为代表的水生植物可以在生长过程中抑制藻类生物的生长。

③ 富营养化水体治理。水生植物，尤其是沉水植物可以有效应对富营养化的污染水体的治理。移栽种植沉水植物，经过较长时间的生长，周围的水质可以得到极大改善。通过这种方法可以降低水体中的 BOD 和 COD。此外，有研究表明浮游植物群落对污染水体富营养化的治理有良好的效果，因此构建或恢复沉水植物对治理富营养化污染水体有着重要意义。

2. 人工湿地修复技术

（1）人工湿地修复的定义　人工湿地是由人工建造，具有与自然湿地净化相同功能，并且可以进行人为控制及强化的模拟自然湿地的完整生态工程系统。人工湿地修复是一种包含了物理、化学和生物作用的污水处理体系，体系中通过铺设人工介质、种植植物和微生物培养，进行三者统一协作处理。在处理过程中，很多因素都模拟了自然湿地的生态特点。根据水的流态可以分为表面流人工湿地、水平潜流人工湿地和垂直流人工湿地。其中两个或多个类型相互组合可以组成复合人工湿地，复合人工湿地有着更好的去除效率。与传统水处理工艺相比，具有投资少、维护运行费用和能耗低及易于管理的优势。因此近些年被广泛应用于处理生活污水、工业废水、暴雨径流、富营养化水体等，拥有着较好的效果。但用地面积大、效率不高也限制了本工艺的发展。其中潜流人工湿地可以有效地提高人工湿地的去除负荷，增强人工湿地对污染物的去除能力，是目前实际应用最为广泛的人工湿地类型。

（2）人工湿地修复的机理　人工湿地系统通过基质、植物及微生物的作用，三者统一协作达到去除水体中污染物的目的。其中，基质拥有较大的比表面积，因此也为微生物的生长繁殖提供了十分有利的场所。另一方面基质也可以通过吸附、离子交换等方式去除部分污染物质。植物对人工湿地水体中的污染物具有截留作用，通过吸收有机物、富营养物质和重金属达到治理目的。微生物则是通过自身的代谢作用去除污染物。

（3）人工湿地强化技术　人工湿地在实际应用中通常模拟了自然湿地的运作方式来达到去除水体污染物的目的。人工湿地的处理能力会受到限制，脱氮除磷的能力也被限制在一定水平，效果也不是很稳定。为了提高人工湿地的处理能力，满足更高的实际应用需求，近年来人们从去除机理出发，研究人工湿地强化技术。

① 曝气强化。人工湿地的脱氮机理主要是硝化和反硝化。其中，溶解氧不足是限制人工湿地脱氮的主要原因。着力提高人工湿地中溶解氧的含量是促进硝化反应的重要前提。在传统潜流人工湿地中植物根系可以补充一部分溶解氧，但由于能力有限，往往很难满足实际需求。因此合理的曝气可以大大提高人工湿地对有机物的降解能力。

② 外加碳源。在人工湿地反硝化过程中有机碳源作为电子供体，影响着湿地基质内发生的反硝化作用。一般采用液态投加的方式向人工湿地中投加碳源，常用的碳源有葡萄糖、果糖和乙酸等水溶性有机碳源，可以提高反硝化的反应速率。

③ 水流方向。人工湿地内不同的水流方向会造成人工湿地不同部分的溶解氧和反应时间的不均匀，从而影响处理效果。研究发现，单一流向的水流不能同时提供良好的厌氧和好氧环境。因此，人工干预人工湿地的水流方向和水体的内循环，可以避免"死区""短流"和"弥散"现象的出现。

（4）人工湿地修复的应用

① 基质在人工湿地中的应用。基质又被称为填料、滤料。基质在人工湿地体系中起到骨架的作用。在人工湿地净化水体的过程中，大部分生化反应是在基质内进行的。适合的人工湿地基质，需要有良好的透水性和透气性。通常使用的人工基质分为天然材料、工业材料和人工合成材料，具体分类见表3-8。

表3-8 常用基质分类及特点

基质类型	材料特点	代表材料
天然材料	储量丰富，种类繁多，价格相对便宜，易于开采利用	白云石、石灰石、沸石、砾石
工业材料	再利用工业副产品，须注意二次污染，价格低廉	高炉矿渣、炉渣、粉煤灰
人工合成材料	人为提升去除特定污染物的能力，吸附能力强，价格较高	活性炭、轻质聚合体（LWA）

在人工湿地中脱氮的过程是通过基质中的过滤吸附、植物吸收、硝化和反硝化共同作用实现的。此外富含有机物质的基质也能为微生物提供充足的碳源，保证系统的脱氮效率。人工湿地系统去除磷的过程主要有基质对磷的吸附、沉积、离子交换等物理化学反应，植物直接吸收及微生物聚磷作用。

基质的选取原则：较强的吸附能力，较大的比表面积，较高的孔隙率，良好的化学稳定性，较高的机械强度和经济性。

② 植物在人工湿地中的应用。植物是人工湿地的基本组成部分，水生植物在水质的净化中具有重要的生态功能。湿地中水生植物的种类和生长状况对水体净化有着很大影响。植物的根系会释放氧气从而增加水体中的溶解氧，提高溶解氧会促进微生物对氮和磷的去除效能。选择人工湿地种植的植物种类时，要考虑到所处地区的气候特征和植物的适应能力，以求所选植物发挥出更好的处理效果。

③ 微生物在人工湿地中的应用。微生物在人工湿地污染物去除的物质能量代谢和转化过程中十分关键。降解污染物的过程中涉及很多微生物，其中微生物脱氮作用包括硝化-反硝化作用，在微生物的正常代谢活动中有磷的参与，参与方式是通过微生物对磷的吸收和累积两种途径。微生物也是评价人工湿地的重要指标。

反映微生物活性的参数有以下几个。一是微生物数量，即在人工湿地中微生物的数量。二是酶活力，即酶催化一定化学反应的能力。酶活力的大小可以用在一定条件下，它所催化的某一化学反应的转化速率来表示，即酶催化的转化速率越快，酶的活力就越高；反之，速率越慢，酶的活力就越低。酶转化速率可以用单位时间内单位体积中底物的减少量或产物的增加量来表示。三是代谢强度，即发生在微生物细胞中分解代谢与合成代谢的强度。四是微生物群落，即在一定区域里，或一定生境里，各种微生物种群相互松散结合，或有组织紧凑结合的一种结构单位。

3. 土地处理技术

（1）土地处理技术的定义　土地处理技术是通过土壤、微生物和植物三者间的协同作用，构建稳定的陆地生态系统。通过将污水布置在天然或人工设计过的土壤上，利用土壤间的物理、化学及生物过程，使污水得到净化。根据处理目标和对象的不同，可以分为快速渗滤、慢速渗滤、地表漫流、地下渗滤、湿地系统等五种类型。

（2）土地处理技术作用的机理　污水土地处理技术就是利用土壤-微生物-植物系统的陆

地生态系统的自我调节功能和对污染物的综合净化功能对污水进行处理，使水质得到一定程度上的改善。同时带来的附加价值可以使植物增产并完成生物地球化学循环，实现污水的有效治理。

（3）土地处理技术的应用

① 慢速渗滤土地处理系统。慢速渗滤（SR）土地处理系统是通过将污水投放到土壤表面，依靠渗流和垂直渗滤作用，从而使污水得到净化的处理系统。慢速渗滤处理系统也是所有土地处理系统中经济效益最大的一种。在慢速渗滤土地处理过程中包含土壤胶体的机械截留、离子交换等物理化学固定作用以及土壤酶与微生物的降解、转化、植物吸收利用等生物化学作用。因此其处理效率高、水质好，也被广泛应用于农业生产过程之中。

② 快速渗滤土地处理系统。快速渗滤（RI）土地处理系统是通过将污水投放到渗透性较好的土壤表面，污水在下渗的过程中通过物理、化学、生物的联合作用得到净化的处理系统。其影响因素主要有：运行周期（湿干比）、渗透系数、水力负荷。快速渗滤系统多采用周期处理的方式，也就是污水投放与土壤表面干燥氧化交替进行的过程。通过这一交替过程，使土壤表面的好氧环境周期性地恢复再生，达到使滞留在浅层的污染物质被充分降解的目的。

③ 地下渗滤土地处理系统。地下渗滤（SI）土地处理系统是通过将污水投放至土壤的亚表面，污水在经过毛细管浸润、渗滤和重力作用向四周土壤扩散和运动的过程之后，利用土壤的净化功能，使污水中的污染物逐渐降解，达到污水控制处理的自然生态处理系统。影响地下渗滤系统的主要因素有两方面：一是土壤的选择，二是有机负荷和水力负荷的选定。地下渗滤系统的优点有出水水质好、运行稳定且维护费用低、易于操作与管理、占地面积小、没有异味。地下渗滤系统（土壤毛管渗滤系统）可以分为渗滤坑、渗滤管（渗滤腔）、渗滤沟、尼米槽等类型。

④ 地表漫流土地处理系统。地表漫流（OF）土地处理系统是通过将污水投放至具有较缓坡度且土壤渗透性较低、布满茂密植被的土地表面上，使污水沿缓坡缓慢均匀流动，从而在这一过程中使污水得到净化的处理系统。这类系统抗外界污染物冲击能力强，容积负荷高。影响地表漫流土地处理系统的主要因素有三方面：一是土壤本身的理化性质，二是土壤的坡度及平整程度，三是土壤表面植物的生长情况。地表漫流土地处理系统在运行过程中，对地下水的影响较小，投资费用低，易于管理，景观的效益高。

4. 人工生态浮岛技术

（1）人工生态浮岛技术的定义　人工生态浮岛技术是从人工湿地技术的基础上发展而来的，其是综合了现代农艺和生态工程措施的一种综合性的水面无土种植技术。该技术以不同漂浮装置为载体，载体上种植水生植物。人工生态浮岛由人工浮岛、植物和固定装置组成。因水生植物在生长繁殖过程中可以吸收去除 N、P 等元素，所以可以作为一种污水处理系统。同时因为所移栽的水生植物的根系有着相当大的比表面积，对水体中的悬浮物质有着良好的吸附效果，还能富集污染水体中的有机物及重金属离子。根系上富集微生物，因其发达的根系，起到良好的生物膜载体的作用。因人工生态浮岛的这些特点，该技术能适用于多种类型的污染水体处理，同时也提供了重要的生态功能。

（2）人工生态浮岛技术的作用机理　人工生态浮岛的作用机理是植物因其自身生长需求，在生长繁殖过程中通过植物根系吸收大量 N、P 元素的同时达到去除 N、P 元素的目的，并且聚集在根系的微生物也可以起到降解有机污染物、富集重金属的作用。另一方面，浮岛上搭载的植物可以在生长过程中一定程度上遮蔽部分阳光，这也可以抑制藻类大量繁殖，避免水华现象的发生。在生态作用上，人工生态浮岛为鱼类和鸟类提供了良好的栖息环境，有利于局部生态环境的改善和提高生态稳定性。

（3）人工生态浮岛的植物分类　人工浮岛植物选择依据有下面几点。

① 所选植物对环境无害，为避免外来物种入侵现象发生，最好选择本地已有物种。

② 所选植物要容易培养驯化，要适应当地环境。

③ 所选植物要保证成活率和维护简易性。若在寒冷地区，要选择耐寒植物。

④ 所选植物要有发达的根系系统，生长繁殖快，净化能力要好。

⑤ 所选植物在经济上要合理，后期维护费用要低。

⑥ 所选植物最好有一定的景观价值，为周围环境提供良好的生态功能。

表 3-9 所示为人工生态浮岛植物分类。

表 3-9　人工生态浮岛植物分类

分类	名称
沼生型植物	水蕹、爱地草、黑麦草、香根草、莲子草、岩兰草、风车草、鸭嘴草、蒯草、满天星、黑三棱、高羊茅、石茅、水甜茅、水竹芋、南荻、毛蓼、莎芹、双穗雀稗、光头稗、丁香蓼、止血马唐、草芦、苔草、龙须草、假马齿苋、花叶芦竹、蕙草、虾钳菜、垂花水竹芋、黄心芹
挺水型植物	美人蕉、香蒲、菖蒲、芦苇、灯心草、千屈菜、水葱、水芹、慈姑、再力花、香菇草、纸莎草、茭白、旱伞草、鸢尾、梭鱼草
浮叶型植物	王莲、睡莲、芡实、水鳖、水龙、荇菜、两栖蓼、田字萍
漂浮型植物	凤眼莲、浮萍、满江红、大漂、水蕨、魁叶萍、叶菱、四角菱、莕菜
沉水型植物	黑藻、金鱼藻、狐尾藻、伊乐藻、眼子菜、水毛茛、苦草、菹草、狸藻、芡藻

（4）人工生态浮岛的应用

① 传统生态浮岛。传统生态浮岛一般是利用在浮岛上种植培养水生或陆生植物，在植物吸附、吸收及其根部富集微生物分解的共同作用下达到净化污水的目的。目前传统生态浮岛也是应用比较广泛的一种类型的浮岛，通常分为单种植物型浮岛和混合植物型浮岛。单种植物型浮岛是在浮岛上种植单一型植物，有较好的处理效果，但对不同污染物的处理效果有着较大差异。混合植物型浮岛是利用不同植物间的协同作用，混合种植不同种类的植物可以强化此类浮岛应对各种污染物的处理效能。例如，美人蕉、灯心草、菖蒲的根系长度不一，因此可以做到吸收不同水层的氮和磷，使光合作用生成的氧气通过根部传递到不同深度的水体中，有利于好氧微生物的繁殖和好氧反应的进行。

② 组合型生态浮岛。组合型生态浮岛是在传统生态浮岛的基础上，引入了人工填料及水生动物等，强化了组合型生态浮岛的生物膜作用，有效利用了动植物的协同效应，因此处理效果和抗冲击能力要强于传统浮岛。此类浮岛根据作用不同可分为三类。第一类是强化生物膜作用的浮岛。这类浮岛为改良生物量较少，处理效率低的单纯植物浮岛。在浮岛的基础上安装了人工填料，增强了原本只有根系部位发生的生物膜作用。生物膜上的微生物对水质的处理有重要的意义，强化生物膜作用的浮岛对总氮、总磷、化学需氧量的去除效果要明显高于普通浮岛。第二类是强化生态交互的浮岛。在水生植物及人工填料的基础上加入水生动物区可以提高浮岛的处理能力。贝类水生动物在生长的过程中可以提高生态系统对营养物质的吸收，并且不会对水质产生负面影响。但是这种对水质的处理效果是与水生动物和水生植

物相互配合的，只有水生动物本身并不具备这样的能力。选择在水生植物区下部配以水生动物区，通过贝类的作用可以较大提高有机污染物的可降解性。同时结合人工载体的微生物富集功能，建立完整的处理体系。加入水生动物，通过食物链的加环作用可以提高藻类等颗粒有机物的可溶化、无机化（氨化）和可生化性，从而提高浮岛的净化效果。第三类是强化硝化-反硝化作用的浮岛。污染水体中浮岛氮污染的去除一小部分是通过植物和基质吸收进行去除，更大的一部分则是通过微生物的硝化-反硝化作用，其中在人工湿地系统中反硝化作用去除的氮污染占处理总量的 47％左右。然而硝化菌数量少、反硝化细菌的生长速度缓慢等因素都限制了脱氮效果。通过细菌固定化技术，将玉米芯、煤渣、稻草、沸石等作为反硝化碳源和微生物载体，可以提高环境内细菌的数量。强化硝化-反硝化作用的浮岛可以创造微生物适宜的生存环境，促进水生态系统的构建。

③ 微动力生态浮岛。微动力生态浮岛是在原有浮岛的技术上，加入曝气、太阳能灯动力系统。以外加动力的方式人为增加体系内的溶解氧浓度。此类浮岛可分为曝气生态浮岛及改进型曝气生态浮岛。限制人工生态浮岛处理效能的主要因素是溶解氧的不足。因此曝气生态浮岛即是在人工浮岛系统中加设曝气装置，将有助于增加体系内的溶解氧浓度，强化硝化作用，为好氧微生物提供更好的生存环境。当只进行曝气也难以解决水体较深处的溶解氧浓度不足的问题，并且也存在耗能大的缺点时，可以在浮岛上加装太阳能板，同时在浮岛底部加装曝气装置，此为改进型曝气生态浮岛。其是利用太阳能为能量来源，这种方法能节约能源并可以降低运行成本。

第三节 河流水体污染修复实例

一、太湖流域水体污染修复案例

（一）太湖流域水体污染现状

按流域河流水功能区达标分析，太湖流域河流水功能区达标率仅为 11.1％。河网水系水生态退化严重，河道水环境容量消耗殆尽，生态环境受到损害，生物多样性下降。同时，太湖流域水体富营养化程度加重，除东太湖、湖心区、东部湖区和沿岸带外，五里湖、竺山湖、梅梁湖水质均为Ⅴ类或劣于Ⅴ类，86.8％的湖区已达重度富营养化。每年夏天北部湖区蓝藻水华频发，且有加重蔓延之势。近年来，湖心区和南太湖也可见蓝藻水华，影响了防洪、景观和人民日常生活。

（二）太湖流域水体污染原因

1. 工业化城市化高速发展

近十多年来污染物绝对排放量增加，太湖流域的工业产值特别是太湖沿岸的乡镇工业产值翻了 2～3 番，因此，尽管实施了达标排放，但排放总量却在不断增加。如常州市 2004 年全市工业 COD 排放量达到 43000 t，整个区域每年有 10×10^8 t 的工业污水未经妥善处理排入河道和湖泊。太湖流域的城镇化过程导致人口急剧增加，2005 年流域城镇化水平已经达到 66.5％，人口密度达 1000 人/km²，再加上数百万流动人口，城镇面源污染 TN、TP 增加量最高达 20 ％。全流域城镇生活污水排放量达到 2.2×10^8 t，成为流域内污染物的主要来源之一。

2. 农村面源污染尚未得到有效遏制

农村过量使用的化肥、农药随径流进入沟渠和河流，最后进入太湖。据测算，2004 年仅常州市氮肥流失量就达 9233 t，磷肥流失量为 1103 t。同时，虽然农村生活方式逐渐城镇化，但废弃物的收集和处置以及污水管网水平却相对滞后，含有氮磷的污染物随着雨水冲刷进入河流。更值得关注的是环太湖流域有大约 2000 多家集约化畜禽养殖场，85 ％的养殖场畜禽粪便直接排入太湖和附近河道，在 20 世纪 90 年代太湖流域的畜禽粪便就高达 2×10^6 t/a，约为工业固体废物的 3 倍。例如，2004 年常州市畜禽养殖 COD 排放量达到 6700 t，TN 排放量达到 130 t，PT 排放量近 600t。

3. 渔业养殖规模与强度大

据 2002 年卫星遥感影像估算，东太湖养殖面积已达约 11000 hm^2。对养殖区底泥逐年调查分析表明，养殖 4 年后，底泥中有机质、TN 和 TP 含量分别增加了 116.9％、90.5％ 和 55.6％，水体中营养物含量随养殖规模和放养密度的增加而呈升高趋势，水质明显恶化。据估算，东太湖底泥每年释放的氮磷已成为全太湖的主要内源污染贡献者之一。

（三）太湖流域水体污染治理进展

为体现从点源控制向点源与面源控制相结合、从城市污染控制为主向城市与农村污染控制相结合、从陆上污染控制为主向陆上与水体污染控制相结合的转变，2001 年经国务院批复实施了《太湖水污染防治"十五"计划》，提出了"十五"的治污工程、生态恢复工程和强化管理三大工程。在太湖流域针对农村面源、湖泊水源地的水质改善和重污染湖区的底泥疏浚与生态重建等方面开展了湖泊治理的技术集成与工程示范。开发了农村面源污染削减的成套技术，集成和创建了在恶劣条件下保护和改善湖泊水源地水质的综合治理技术，并建立了环保疏浚和生态重建的技术和示范工程。

（四）太湖流域水体环境治理的总体思路

太湖及其流域社会经济快速发展和生态与环境保护之间的矛盾凸显出太湖水环境治理的紧迫性和艰巨性。必须从污染源头到湖泊出口，依次通过污染源控制、河道截污、湖荡调节、河口净化、湖泊生态修复、出湖疏导等多道防线，有效促使太湖水环境向良性方向转化。

（1）污染源控制 即通过土地利用类型与农业种植结构的调整，控制化肥农药施用和农村畜禽养殖，推广生活节水措施，减少生活污水产出量，加大污水处理力度，减少面源污染。这是实现太湖流域水环境治理目标的最重要前提。

（2）河道截污 利用已有的水利工程设施，调整流域河网水系功能结构和水力过程，保育植被，恢复景观生态，有效发挥灌木和水生植物的水质净化功能，充分利用河网水系增强对流稀释、动力复氧、沉降吸附能力，建立生态干流与河渠，削除进入流域湖荡的污染物。

（3）湖荡调节 利用太湖上游大大小小湖荡，调控湖荡水力结构及生态系统结构，发挥湿地生态功能，拦截污染物，改善湖荡出流水质，减少入太湖污染物总量。

（4）河口净化 充分发挥入湖河口的河-湖生态系统交界处生态系统高度活跃的特点，通过建设河口湿地生态屏障，阻滞、过滤污染物质进入湖泊。改善河口区的水力条件，强化水体自净能力。

（5）湖泊生态修复　根据太湖水力特点，对入湖污染物采取工程措施，阻挡污染物向重点饮用水源区输移，重点保证水源地的水质改善和饮用水安全，同时恢复或者重建生态系统，达到全面、长效改善太湖流域水质的目的。

（6）出湖疏导　通过对出湖水量的生态调控，严格控制养殖规模，充分利用太湖进出水量大，水利工程设施引排能力强的特点，合理进行疏导，优化调控方案，改善出湖区水环境，保证出水水质水量。

（五）太湖流域水体污染治理效果

太湖流域的水污染治理在国务院及相关部委的领导和支持下，三省一市协同治污，经工业达标排放、城镇污水处理厂建设、河湖清淤、全民禁磷、禽畜和水产养殖污染治理、农业示范区建设、节水控肥等先进耕作技术推广、河湖生态修复、引清释污调水工程等综合治理，使重点污染源污染物排放量得到了一定的控制，COD_{Cr}削减幅度超过 20％，在一定程度上遏制了水污染恶化趋势。

二、滇池水污染修复案例

（一）滇池水污染现状及成因

1. 滇池水污染现状

近 20 多年来，经济的发展和城市规模的扩大，加重了流域生态环境的压力，水体受到污染，导致湖泊严重富营养化，滇池面临水环境和水资源短缺的双重困境。经过多年的污染治理，虽然一定程度上缓解了滇池的环境恶化，但未完全消除滇池的污染，滇池目前的水质仍低于Ⅴ类水的标准，属于劣质Ⅴ类水，达不到可利用水的标准。

2. 滇池水污染原因

滇池的污染加重是自然原因和人为原因双重作用造成的。

（1）自然原因　滇池由落陷构造形成，距今已有 340 万年漫长演化历史了，按湖泊的发展规律，目前正处于湖底升高、湖盆变浅、面积变小的老年化阶段，老化速度很快。目前的滇池面积仅为古滇池的 25％，蓄水量更是古滇池的 1.9％，滇池已演化成半封闭的湖泊。由于湖水置换周期过长，湖流缓慢，造成物质循环不通畅，出入不平衡，自净能力有限，大量沉淀的污染物堆积于湖底间，从而形成了大量的内污染。

滇池位于昆明城区的下游，是昆明城区的最低地带，从而成为工业废水和城市生活污水的排放地。再有就是滇池流域的雨季集中在 2～5 月份，因为经常下大雨或暴雨，一场大雨就将地面上的污水和污物全都带进滇池，加重了滇池的污染。

（2）人为原因　过去由于人们对滇池流域的不合理开发利用，致使滇池老化，其流域的水土流失严重，植被覆盖率、生物量以及生物多样性显著下降。耐污染植物增加，浮游植物异常增殖，水华大面积发生，破坏了滇池的生态平衡，加剧了滇池的富营养化。

人口大幅度的增长与水资源短缺问题突出。由于近年来云南旅游业的发展，到此旅游的旅客大幅度增加，同时昆明城发展迅速，城市人口大量增加，给滇池的治理带来了更大的挑战。

滇池的污染类型多样、污染严重，主要包括三个方面的原因：生活污染、农业污染和工业污染。其中生活污染最为严重，占废水排放总量的 55％。农田化肥流失和农村固体废物对滇池的污染巨大，如农村的生活垃圾、人畜粪便、农作物秸秆等废弃物都排入滇池，使得污染每年都在增加。由于滇池水流缓慢，出水口在其西南部海口，而重污染的水在北部，北部污水流到出水口大约需要 4 年的时间，如此漫长的时间，使得大量有害物质沉积到湖底，再次污染滇池。在滇池流域内多家乡镇企业，由于缺乏资金支持和技术陈旧落后，部分无污水处理设备，排放的废水直接进入滇池或积聚在乡下田地中，一下大雨便会污染周围环境，并对滇池造成污染。

（二）滇池水污染防治策略

针对滇池严重的水污染问题，可根据不同的成因，对症下药，采取相应的防治策略进行滇池水污染综合治理。

1. 增加区域水资源总量，提高滇池的水环境容量并保证其生态环境用水

滇池流域匮乏的水资源，不仅严重制约了当地经济社会的可持续发展，同时也严重挤占了水域的生态环境用水，致使河湖均在不同程度上丧失了原有的生态服务功能，这也是滇池水污染异常严重并难以治理的重要原因。因此，增加区域水资源量是解决这一问题的有效途径。通过从外流域调水（如"滇中调水"）进入滇池，不仅可增加滇池流域的水资源总量，解决目前区域水资源总量不足的问题，而且可适当提供湖泊与河流的生态环境用水，促使其水生态系统逐步恢复原有的生态服务功能成为可能。同时由于滇池水资源总量的增加，可改善现有的水流条件，增加出湖水量，恢复滇池作为吞吐性湖泊的水流特征，提高滇池的水环境容量，有利于改善滇池污染物质进出不平衡的现状，有利于滇池水质朝逐步改善的方向发展。

2. 以水环境容量为目标，对滇池入湖河流实施总量控制

自 20 世纪 80 年代以来，由于经济社会的发展，排入滇池的污染物量超过了滇池水环境承载能力，这是滇池水污染最主要的原因。加之湖泊水流不畅，入湖污染物大量溶解并沉积于底泥，进出湖物质量不平衡，从而加剧了水质恶化和富营养化的发生。因此，减少入湖污染物量是治理滇池水污染问题的关键。根据《全国水资源保护规划（2016—2030 年）》中的滇池水功能分区及 2030 年滇池水体总体达到四类水质保护目标的要求，以 2030 年滇池水质保护目标作为控制目标，模拟计算滇池的水环境容量及滇池各入湖河流的纳污能力，实施对滇池各入湖河流输入污染物的总量控制，其中将内源污染作为入湖污染负荷部分进行总量控制。

3. 加强水污染治理，阻止污水入湖

水污染治理，其污染源头控制是根本，入湖湖滨带建设减少污水入湖等末端治理是补充，并以水环境容量作为其水污染治理后入湖污染物的总量控制目标。因此必须加强滇池流域的水污染治理，合理规划区域发展模式，推广清洁生产技术，减少污染物排放，有效阻止污水直接入湖。对于污染源治理，点源可根据流域点源排放量增加趋势和区域分布规律，按片区以相对集中的方式扩大流域内污水处理厂规模，力争使流域内点源污水经污水处理厂后排入滇池；非点源污染可通过水土流失治理、农村生活污水收集处理、生态农业建设等措施，并结合非点源末端的湖滨带湿地加以综合治理；内源污染可通过滇池外海沉积物疏浚规划进行分阶段的底泥疏浚。

4. 缩短入湖污染物的滞湖时间，改善物质出入湖不平衡状况

对于滇池外海而言，绝大部分污染物来自北部的盘龙江、宝象河、大清河，三河的入湖污染物量约占外海总入湖量的80％以上，而外海唯一出口海口河位于滇池的西南侧，污染物出湖输移路线较长，加之水流速度缓慢，不仅使入湖污染物滞留湖区的时间很长，而且它们将在随水流的迁移扩散过程中大量沉积到湖底，从而形成目前北高南低的浓度梯度，加之滇池弃水较少，随弃水出湖的污染物远小于入湖污染物量，物质进出不平衡。因此，缩短入湖污染物（主要是外海北部入湖）在湖体的滞留时间，提高出入湖物质的比例，对改善滇池水环境是十分有益的。

（三）滇池水污染防治效果

通过努力，2016年滇池外海和草海富营养化水平进一步减轻，与2015年相比，综合营养状态指数分别下降了2％和8％，全湖为中度富营养（其中1～6月为轻度富营养）；滇池蓝藻水华程度明显减轻，全湖由重度水华向中度、轻度水华过渡，发生蓝藻水华的总天数大幅度减少；滇池外海和草海水质类别均由劣Ⅴ类提升为Ⅴ类，实现了近20年来的首次突破，滇池水质持续改善。随着滇池生态环境的改善，生物多样性增加，水生植物种类达到280种，鱼类达到23种，鸟类达到138种，濒临灭绝的国家珍稀鸟类彩鹮在滇池出现。

参考文献

[1] 陈荷生，宋祥甫，邹国燕，等.太湖流域水环境综合整治与生态修复[J].水利水电科技进展，2008，28（3）：76-79.

[2] 陈红霞，付丽洋，刘训华.水生植物在水体污染治理中的应用研究[J].环境与发展，2018，30（11）：51，53.

[3] 陈勇.地表水体水质自然净化方法研究及应用[J].人民珠江，2018，39（02）：69-72.

[4] 成水平，王月圆，吴娟.人工湿地研究现状与展望[J].湖泊科学，2019，31（06）：1489-1498.

[5] 丁吉震.CBS水体修复技术[J].洁净煤技术，2000，6（04）：36-38.

[6] 丰华丽.河流生态环境需水理论方法及应用研究[D].南京：河海大学，2002.

[7] 国家环境保护总局，国家质量监督检验检疫总局.地表水环境质量标准：GB 3838—2002[S].北京：中国标准出版社，2004.

[8] 高琼.我国污水土地处理技术研究进展[J].山西水土保持科技，2014（04）：1-4.

[9] 江曙光.中国水污染现状及防治对策[J].现代农业科技，2010（07）：315-317.

[10] 孔繁翔，胡维平，范成新，等.太湖流域水污染控制与生态修复的研究与战略思考[J].湖泊科学，2006（3）：193-198.

[11] 李文红.地表水体水质改善技术及沉积物中磷细菌作用研究[D].杭州：浙江大学，2006.

[12] 刘鸿亮，金相灿，荆一凤.湖泊底泥环境疏浚工程技术[J].中国工程科学，1999，1（1）：81-84.

[13] 马巍，李锦秀，田向荣，等.滇池水污染治理及防治对策研究[J].中国水利水电科学研究院学报，2007（1），5（1）：8-14.

[14] 孟睿.固定化菌-藻体系净化水产养殖废水的研究[D].北京：北京化工大学，2009.

[15] 宋豪坤.人工湿地在污水处理中的研究现状与应用[J].清洗世界，2019，35（10）：40-41.

[16] 宋钊.城市河流水污染治理及修复技术[J].工业用水与废水，2013（04）：11-13.

[17] 孙威.水污染防治法律问题研究[D].哈尔滨：东北林业大学，2018.

[18] 孙真，陈涵肖，付尚礼，等.生态浮岛处理微污染水体综述[J].环境工程，2018，36（12）：10-15.

[19] 田伟君，翟金波.生物膜技术在污染河道治理中的应用[J].环境保护，2003（8）：20-22.

[20] 童昌华.水体富营养化发生原因分析及植物修复机理的研究[D].杭州：浙江大学，2004.

[21] 王寿兵，徐紫然，张洁.大型湖库富营养化蓝藻水华防控技术发展述评[J].水资源保护（4期）：

88-99.

[22] 王小雨.底泥疏浚和引水工程对小型浅水城市富营养化湖泊的生态效应 [D].长春：东北师范大学，2008.

[23] 杨文涛，刘春平，文红艳.浅谈污水土地处理系统 [J].土壤通报，2007（02）：394-398.

[24] 杨忠平.固定化微生物处理废水的实验研究与探讨 [D].长春：吉林大学，2006.

[25] 袁芳.EM（有效微生物）组成的分类鉴定及在垃圾堆肥处理技术中的应用 [D].湖南大学，2005.

[26] 中华人民共和国生态环境部.2018 年中国生态环境状况公报 [N]，2019.

[27] 张莹琦，贺菊花，程刚.生态浮岛技术用于河湖污染修复进展研究 [J].环境科学与管理，2015，40（06）：138-142.

第四章　地下水污染防治与修复

第一节　地下水污染概述

一、地下水污染现状

地球的水资源丰沛，但 96.5％为海水，能够被人类利用的淡水资源仅占 2.53％，在这些淡水资源中，冰川水占比 68.7％，而地下水（淡水）仅占 0.76％左右。据统计，亚洲居民的饮用水有 33％来自地下水，欧洲居民的饮用水 75％以上来自地下水，美国的半数城市居民和绝大部分的乡村居民的生活和饮用水都依赖于地下水。而我国淡水资源匮乏，地下水分布存在明显的区域性差别，南部地下水总量占全国地下水总量的 70％，北方地下水大约占全国地下水总量的 30％，总体上呈现出南高北低的特点。

近年来我国经济高速发展，生活用水、工业用水和农业用水量逐年增加，为了缓解用水紧张状况，部分地区大量开采地下水。据统计，我国地下水开采量约以每年 26 亿立方米的速度迅猛增加。水资源大量开采的同时出现了地下水污染严重的情况。对于一些经济发达，人口密集，工业商业集中的城市，其地下水受污染严重。目前，我国的地下水污染地区主要集中在京津冀、长江三角洲和珠江三角洲等地区。地下水污染破坏地下生态环境，影响人民的正常生产生活，是亟待解决的环境问题。

二、地下水污染的危害

地下水环境相对封闭，污染物质一旦进入，很难通过地下水的自净功能去除。污染物质的累积导致地下水成分改变，有毒污染物毒害地下水与地质层内微生物，破坏地下水与地质层中的生态环境，导致地下生态系统紊乱。我国部分地区的生活用水和农田灌溉用水主要来源为地下水，被污染的地下水可能含有超标重金属、有机农药残留、致病病原菌与病毒等，人畜饮用后会诱发多种疾病。而这些物质被农作物吸收后，会影响农作物生长发育，导致农作物的植株矮小、生长缓慢、粮食产量降低。吸收了地下水中有毒物质的农作物一旦被人畜食用，会影响人畜身体健康，严重的将出现患病、中毒、致癌甚至死亡。

三、地下水污染来源

（一）根据人类是否干预分类

1. 自然污染源

自然污染源也叫天然污染源，是指地下水周边环境通过溶解、渗透等作用，向地下水中释放的有害自然物质。例如含有重金属矿物质的地质岩层，经过长年累月的溶析作用，进入地下水中，导致地下水重金属超标。

2. 人为污染源

人为污染源是指人类在生产生活中产生的固体废物、污废水、农药化肥灌溉水等。这些物质在堆砌和排放到土壤和水体之后，通过下渗作用进入地下水中而导致地下水污染。

（二）根据地下水污染来源分类

1. 工业污染源

工业污染源主要是工厂排放的未经处理的污废水。工业废水中经常含有 Hg、Cd、Pb、Cr 等重金属成分，这些物质一旦进入地下水，会造成不可逆的长期污染，如果人类长期饮用这些地下水，会损害身体健康。另外，工厂排放的废气中含有 SO_2、H_2S、CO_2 等气体，可溶解在大气中的气态水中，形成酸雨降落到地面污染土壤与地表水，经土壤和地表水下渗至地下，污染地下水。工厂产生的废渣中含有大量有毒有害的化学成分，在露天堆放或填埋之后，经雨水淋溶和浸泡，部分可溶性污染物可随雨水下渗，造成地下水污染。

2. 农业污染源

农业污染源主要是农药废水、肥料污水和灌溉污水等农田污废水，以及畜牧饲料和粪便等畜牧业污废水。现代农业生产过程中需要施加大量化肥与农药，据统计，有65%的化肥变成了污染物质流失。未被吸收的肥料与残留农药可溶解在灌溉水或自然雨水中，下渗入土壤中，进入地下水体，造成土壤和地下水污染。一般地，这些农药和化肥含有大量氮、磷、钾等富营养化无机物，以及有机氯、有机汞等有毒有机物质，污染土壤和水体后，不易降解，不易察觉，潜伏时间长，污染面积广，后果严重。

3. 生活污染源

生活污染源主要是人类在日常生活中产生的生活污废水和生活垃圾。生活污废水中含有大量的洗涤剂、油脂、粪便和毛发等污染物质，在个别地区，居民将未经处理的生活污废水排入附近水体当中造成严重污染。我国每年产生垃圾量1.5亿吨，目前大部分地区采取填埋法进行处置。垃圾填埋场在堆放和处理垃圾的过程中，不可避免地产生垃圾渗滤液，这些垃圾渗滤液成分复杂，含有毒有害物质。因此，垃圾渗滤液的隔离与防护是垃圾填埋场设计工作的重点内容，需要预先做好渗滤液外渗的补救方案与措施。

四、污染地下水的途径

（一）间歇入渗型

污染物质通过大气降水或灌溉水的淋溶，使固体废物、表层土壤或地层中的有毒或有害物质周期性地从污染源通过包气带土层渗入含水层，即是间歇入渗型［如图 4-1（a）］。这种入渗一般是非饱和入渗，或者短时间内饱水状态连续渗流。这种途径引起的地下水污染，其污染物质往往来源于固体废物或表层土壤。

（二）连续入渗型

污染物溶解于液体中，经包气带连续不断地渗入含水层，即是连续入渗型［如图 4-1（b）］。这种类型的污染物呈溶解态，最常见的是污水蓄积地段（污水池、污水渗坑、污水管道等）的渗漏，被污染的地表水体和污水渠的渗漏，以及污水灌溉的水田渗漏。

（三）越流型

污染物质通过层间越流进入其他含水层，即为越流型［如图 4-1（c）］。这种转移一般通过天然途径（天窗）、人为途径（破损的井管等）或者因为人为开采引起了地下水流方向变化，使污染物通过大面积的弱隔水层进入其他含水层。污染源可能来自地下水环境本身，也可能来自外界，可能污染承压水或潜水。这种类型的污染很难查清越流的具体层面和位点。

（四）径流型

污染物质通过地下水径流进入含水层，或通过废水处理井、岩溶发育的巨大岩溶通道、废液地下储存层的隔离层破裂部位等，进入其他含水层，即为径流型［如图 4-1（d）］。该类型污染物可以是人为来源、天然来源、污染潜水或者承压水等。其污染范围可能不大，但由于缺乏自然净化作用，污染程度往往比较严重。

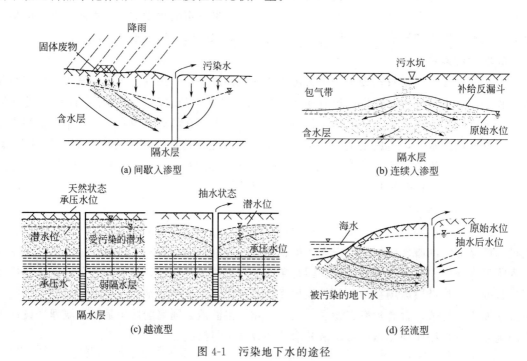

图 4-1　污染地下水的途径

五、地下水污染的特点

由于地下水存在于各地层之间，且流动极其缓慢，这导致地下水污染具有以下特点。

（一）地下水污染不易察觉

地表水体取水方便，易于观察，可以通过味道、色度、浊度等感官指标第一时间发现污染情况。但地下水由于深处地下，受到污染后无法及时发现。而且地下水污染后，往往还是无色、无味的，这让取用地下水的人们掉以轻心，未经检测就直接使用或者饮用，损害人畜健康。

（二）污染毒害过程缓慢

人畜饮用了被污染的地下水，短时间内机体并无不适症状。而地下水中的有毒物质持续不断地毒害着人畜的机体，短则数月，长则数年，等到出现明显症状时，情况一般都非常严重，且大部分无法通过用药治愈，仅能缓解病症。

（三）地下污染难以修复

地下水一旦受到污染，就很难治理与恢复。地下水所处环境为相对封闭的深层地质层，修复地下水一般使用比较保守的方法，旨在减少地表物质进入地下水，造成对地下水水环境乃至地质层内环境的影响，防止出现地下水的二次污染等情况。如果想要通过地下水的自净能力减少污染物，可能需要几十年、几百年，甚至上千年。如果想要通过打井抽提地下水修复，不仅工程量巨大，且修复后的地下水回灌回地质层内也存在困难。需要注意的是，在地表修复后的地下水水质和水环境都已经发生变化，一旦回灌回地下，可能会对地下水层及地质层造成其他未知的深远影响，因此需要谨慎应用。

六、地下水中的主要污染物质

（一）无机污染物

地下水中最常见的无机污染物是 NO_3^-、NO_2^-、NH_3、Cl^-、SO_4^{2-}、F^-、CN^-，硬度、总溶解固体物及微量重金属汞、镉、铬、铅和类金属砷等。其中，硬度、总溶解固体物、Cl^-（氯化物）、SO_4^{2-}（硫酸盐）、NO_3^-（硝酸盐）和 NH_3 等为无直接毒害作用的无机污染物，但当这些组分超过限制浓度之后，仍然会对环境、人类、农作物等造成不同程度的损害。而亚硝酸盐、氟化物、氰化物及重金属汞、镉、铬、铅和类金属砷则是有直接毒害作用的无机污染物。根据毒性发作情况，此类污染物可分两种：一种是毒性作用快，易为人们所注意；另一种则是在人体内逐渐富集，达到一定浓度后才显示出症状，不易被人及时发现，但危害一旦形成，后果可能十分严重，比如日本发生的水俣病和痛痛病等。

（二）有机污染物

地下水中含有的有机污染物有芳香烃类、卤代烃类、有机农药类、多环芳烃类与邻苯二甲酸酯类等。这些有机污染物虽然含量不高，但对人畜及农作物的破坏往往比较严重。有机污染物可分为生物易降解有机污染物和生物难降解有机污染物两大类。

生物易降解有机污染物为碳水化合物、蛋白质、脂肪和油类等，它们容易被微生物分解，转化为稳定的无机物。这类污染物一般无直接毒害作用，在地下水中浓度比较小，但在降解它们的过程中，微生物需要吸收水体中的大量溶解氧。水体中的溶解氧浓度下降，导致水生动植物死亡，出现水质恶化的现象。

生物难降解有机污染物的性质比较稳定，不易被微生物分解，能够在大气、水、生物体、土壤和沉积物等环境中长期存在。这些生物难降解有机污染物能在生物体内积累，食物链等级越高的生物，体内积累的量越大，对生物机体的毒害作用越大。比如农药DDT，在地球上各种生物体内均有积累，有研究发现，DDT属神经及实质脏器毒物，对人类和大多数生物体具有中等强度的急性毒性。这类有机污染物能经皮肤吸收，是接触中毒的典型代表，可致癌致畸，严重的会威胁生物体健康。

（三）生物污染物

地下水中的生物污染物为细菌、病毒和寄生虫。被污染的地下水中存在的致病菌有粪链球菌、鼠伤寒沙门菌、铁细菌、硫细菌以及霉菌等。不同含水层和不同成因的地下水中，致病菌的数量、种类、存活时间存在差异。病毒比细菌小很多，存活时间长，更易进入含水层。地下水中发现的病毒有脊髓灰质炎病毒、埃可病毒、传染性肠炎病毒等，可引起小儿麻痹症、上呼吸道感染、非化脓性脑膜炎和急性肠炎等疾病。地下水中存在的寄生虫有原生动物、蠕虫等，其中，梨形鞭毛虫、痢疾阿米巴虫和人蛔虫可致病。

（四）放射性污染物

由于地质层特性与部分地区出现核原料泄漏等原因，我国土壤和地下水均含有放射性污染物。目前我国地下水中检测出的放射性核素有 ^{2}H、^{3}H、^{18}O、^{86}Sr、^{40}K、^{99}Tr、^{137}Cs、^{226}Ra、^{232}Th 以及 ^{238}U 等。我国《地下水质量标准》（GB/T 14848—2017）中，对于Ⅰ～Ⅲ类地下水水质中对总 α 放射性（Bq/L）的放射量要求控制在 0.5Bq/L 及以下，对总 β 放射性（Bq/L）的放射量要求为控制在 0.1Bq/L 及以下，而一旦放射量超标，则该地下水就不宜被生物饮用。

第二节　地下水污染防治概述

一、地下水污染防治存在的主要问题

（一）地下水污染来源多，治理难度大

由于我国城镇化率大幅提升，市政污水排放量大幅增加，部分城镇存在着管网建设相对滞后、维护保养不及时的问题，导致排污管网破损泄漏，市政污水渗入地下水体当中，造成地下水污染。另外，城镇产生的大量生活生产垃圾需要进行填埋处理，而部分垃圾填埋场在堆放和处理垃圾的过程中，不可避免地产生垃圾渗滤液泄漏，严重污染地下水。部分重金属冶炼厂产生的金属废渣在堆放过程中会产生渗滤液也会污染地下水质。石油化工行业勘探、开采及生产等活动影响周边土壤和地下水水质。部分地下水工程设施及活动止水措施不完善，导致地表污水直接污染含水层，同时，不同含水层之间可通过越流互相污染。过度施用肥料和农药，不仅污染土壤和地表水体，这些肥料和农药当中的有机污染物可渗入深层地下水当中，污染地下水水质。

由于地下水所处地质层环境复杂，如果地下水受到污染，其治理和修复难度大，治理成本高，修复周期长。当前，我国相当部分地下水污染源仍未得到有效控制、污染途径尚未根本切断，部分地区地下水污染程度仍在不断加重。

（二）地下水污染监管调控措施较薄弱

目前，我国在重点区域、重点城市地下水动态监测和资源量评估方面取得了较为全面的数据，但尚未系统开展全国范围地下水基础环境状况的调查评估，难以完整描述地下水环境

质量及污染情况。目前国家有关部门正在逐渐完善和改进地下水保护与污染防治法律法规及标准规范体系，明确了"谁污染，谁负责"的法律责任。但仍然存在地下水环境保护资金投入不足的情况，导致相关基础数据信息缺乏，科学研究相对滞后，基础设施不太完善、治理工程不到位，难以满足地下水污染防治工作的需求。地下水环境管理体制和运行机制有待完善，尚需建立统一协调高效的地下水污染防治对策措施，地下水环境监测体系、预警应急体系以及地下水污染健康风险评估等技术体系仍需进一步健全，从而形成地下水污染防治合力。上述问题，制约了地下水污染防治工作的开展。

（三）地下水污染保护意识有待提高

当前，个别地方人民政府和相关部门对地下水污染长期性、复杂性、隐蔽性和难恢复性的认识仍不到位。一方面，在石油、天然气、地热及地下水等资源开发过程中，环境保护措施不够完善，往往造成了含水层污染。另一方面，长期以来我国水环境保护的重点是地表水，地下水污染防治工作重视程度不够，无论是从监管体系建设、法规标准制定还是科研技术开发等方面，相关工作相对滞后。

二、地下水污染防治的主要任务

2014 年 2 月，习近平总书记就京津冀协同发展中的水资源保护问题作出了明确指示，提出要坚持"以水定城、以水定地、以水定人、以水定产"的水资源、水生态、水环境管理原则，明确了地下水防治工作的主要任务。

（一）开展地下水污染状况调查

综合考虑地下水水文地质结构、脆弱性、污染状况、水资源禀赋及其使用功能和行政区划等因素，建立地下水污染防治区划体系，划定地下水污染治理区、防控区及一般保护区。

针对我国地下水污染物来源复杂、有机污染日益凸显、污染总体状况不清的现状，基于新一轮全国地下水资源评价、全国水资源评价、第一次全国污染源普查和全国土壤污染状况调查成果，从区域和重点地区两个层面，开展地下水污染状况调查。

区域地下水污染调查按 1：50000 以上的精度进行，主要部署在平原（盆地）和低山丘陵区，覆盖所有地下水开发利用区和潜在地下水开发区。重点地区地下水污染调查按 1：50000 以上的精度进行，主要部署在地市级以上城市人口密集区、潜在污染源分布区和大型饮用水水源区等区域。

（二）保障地下水饮用水水源环境安全

严格地下水饮用水水源保护与环境执法。定期开展地下水资源保护执法检查，地下水饮用水水源环境执法检查和后督察，严格地下水饮用水水源保护区环境准入标准，落实地下水保护与污染防治责任，依法取缔饮用水水源保护区内的违法建设项目和排污口。

制定超标地下水饮用水水源污染防治方案。针对污染造成水质超标的地下水饮用水水源，科学分析水源水质和水厂供水措施的相关性，研究制定污染防治方案，开展地下水污染治理工程示范，实现"一源一案"。以农村地区受污染地下水饮用水水源为重点，着力解决潜水污染问题。

建立地下水饮用水水源风险防范机制。建立地下水饮用水水源风险评估机制，对地下水饮用水水源保护区外，与水源共处同一水文地质单元的工业污染源、垃圾填埋场及加油站等风险源实施风险等级管理，对有毒有害物质进行严格管理与控制。按照"谁污染，谁治理"

的原则，对地下水污染隐患进行限期治理。

（三）严格控制影响地下水的城镇污染

持续削减影响地下水水质的城镇生活污染负荷，控制城镇生活污水、污泥及生活垃圾对地下水的影响。在提高城镇生活污水处理率和回用率的同时，加强现有合流管网系统改造，减少管网渗漏。规范污泥处置系统建设，严格按照污泥处理标准及堆存处置要求对污泥进行无害化处理处置。逐步开展城市污水管网渗漏排查工作，结合城市基础设施建设和改造，建立健全城市地下水污染监督、检查、管理及修复机制。

（四）强化重点工业地下水污染防治

加强重点工业行业地下水环境监管。定期评估有关工业企业及周边地下水环境安全隐患，定期检查地下水污染区域内重点工业企业的污染治理状况。依法关停造成地下水严重污染事件的企业。建立工业企业地下水影响分级管理体系，以石油炼化、焦化、黑色金属冶炼及压延加工业等排放重金属和其他有毒有害污染物的工业行业为重点，公布污染地下水重点工业企业名单。

防范石油化工行业污染地下水。石油天然气开采的油泥堆放场等废物收集、贮存、处理处置设施应按照要求采取防渗措施，并防止回注过程中对地下水造成污染。石油天然气管道建设应避开饮用水源保护区，确实无法绕行的，应采取严格的防渗漏等特殊处理措施后从地下通过，最大限度地防止输送过程中的跑冒滴漏。

防控地下工程设施或活动对地下水的污染。兴建地下工程设施或者进行地下勘探、采矿等活动，特别是穿越断层、断裂带以及节理裂隙的地下水发育地段的工程设施，应当采取防护性措施，预防地下水污染。采用科学合理的防护措施，尽量减少地下工程设施建设，尤其是隧道开挖对地下水的影响。整顿或关闭对地下水影响大、环境管理水平差的矿山。

控制工业危险废物对地下水的影响。加快完成综合性危险废物处置中心建设，重点做好地下水污染防治工作。加强危险废物堆放场地治理，防止对地下水的污染，开展危险废物污染场地地下水污染调查评估，针对铬渣、锰渣堆放场及工业尾矿库等开展地下水污染防治示范工作。

（五）分类控制农业面源对地下水污染

逐步控制农业面源污染对地下水的影响。对由于农业面源污染导致地下水氨氮、硝酸盐氮、亚硝酸盐氮超标的华北平原和长江三角洲等地区，特别是粮食主产区和地下水污染较重的平原区，要大力推广测土配方施肥技术，积极引导农民科学施肥，使用生物农药或高效、低毒、低残留农药，推广病虫草害综合防治、生物防治和精准施药等技术。开展种植业结构调整与布局优化，在地下水高污染风险区优先种植需肥量低、环境效益突出的农作物。

严格控制地下水饮用水水源补给区农业面源污染。通过工程技术、生态补偿等综合措施，在水源补给区内科学合理使用化肥和农药，积极发展生态及有机农业。

（六）加强土壤对地下水污染的防控

逐步开展土壤污染对地下水环境影响的风险评估。结合全国土壤污染状况调查工作成果，加强地下水水源补给区污染土壤环境质量监测，评估污染土壤对地下水环境安全构成的风险，研究制定相应的污染土壤治理措施。

加强影响地下水环境安全的污染场地综合整治工作。开发利用污染企业场地和其他可能污染地下水的场地，要明确修复及治理的责任主体和技术要求，按照"谁污染，谁治理"的原则，被污染的土壤或地下水，由造成污染的单位和个人负责修复和治理。

严格控制污水灌溉对地下水造成污染。要科学分析灌区水文地质条件等因素，客观评价污水灌溉的适用性。避免在土壤渗透性强、地下水位高、含水层露头区进行污水灌溉，防止灌溉引水量过大，杜绝污水漫灌和倒灌引起深层渗漏污染地下水。污水灌溉的水质要达到灌溉用水水质标准。定期开展污灌区地下水监测，建立健全污水灌溉管理体系。

（七）有计划开展地下水污染修复

开展典型地下水污染场地修复。借鉴国外地下水污染修复技术经验，在地下水污染问题突出的工业危险废物堆存、垃圾填埋、矿山开采、石油化工行业生产（包括勘探开发、加工、储运和销售）等区域，筛选典型污染场地，积极开展地下水污染修复试点工作。

开展沿海地区海水入侵综合防治示范。严格控制海水入侵易发区地下水开采，采取综合措施，加快海水入侵区地下水保护治理，防止海水入侵。

切断废弃钻井、矿井、取水井等地下水污染途径。报废的各类钻井、矿井、取水井要由使用单位负责封井，及时开展废弃井回填工作，并保证封井质量，避免引起各层地下水串层污染，防止污染物通过各类废弃设施进入地下水。

（八）建立健全地下水环境监管体系

建立健全地下水环境监测体系。在国土资源、水利及环境保护等部门已有的地下水监测工作基础上，充分衔接"国家地下水监测工程"监测网络，整合并优化地下水环境监测布设点位，完善地下水环境监测网络，实现地下水环境监测信息共享。建立区域地下水污染监测系统（国控网），实现国家对地下水环境的总体监控；建立重点地区地下水污染监测系统（省控网），实现对人口密集和重点工业园区、地下水重点污染源区、重要水源等地区的有效监测；强化水厂的地下水取水检测能力（取水点控）、地下水区域性污染因子和污染风险的识别能力，增加检测项目，提高检测精度，强化地下水水质突变等异常因子识别。加大对地下水环境监测仪器、设备投入，建立专业的地下水环境监测队伍，逐步建立地下水环境监测评价体系和信息共享平台。

建立地下水污染风险防范体系。建立预警预报标准库，构建地下水污染预报、应急信息发布和综合信息社会化服务系统。制定地下水污染防治应急措施，增强供水厂对地下水污染物的应急处理能力，强化水处理工艺的净化效果，分区域、有重点地增强水厂对氟化物、铁、锰、氨氮和硫酸盐等污染指标的处理能力，建立地下水污染突发事件应急预案和技术储备体系。

加强地下水环境监管。提高地下水环境保护执法装备水平，重点加强工业危险废物堆放场、石化企业、矿山渣场、加油站及垃圾填埋场地下水环境监察。强化纳入地下水污染清单的重点企业环境执法，禁止利用渗井、渗坑、裂隙和溶洞等排放、倾倒或利用无防渗措施的沟渠、坑塘等输送、贮存含有毒污染物的废水、含病原体的污水和其他废弃物，防止污染地下水；定期检查重点企业和垃圾填埋场的污染治理情况，评估企业和垃圾填埋场周边地下水环境状况，排查安全隐患。

全过程监管地下水资源的开发利用，分层开采水质差异大的多层地下水含水层，不得混合开采已受污染的潜水和承压水，人工回灌不得恶化地下水质。提高用水效率，节约使用地下水，严格实施地下水用水总量控制。研究制定地下水超采区及生态环境敏感区的压采和限采方案，保障地下水采补平衡，避免造成地下水环境污染及生态破坏。

第三节　污染源的防渗技术

一、污染源防渗的意义

由于地下水存在着污染不易察觉、自净速度慢、治理修复难度大的特点，与其污染之后再治理，不如从污染源头上制止污染物质的进入。因此，对于煤电厂或核电厂、化工业企业、金属冶炼工业企业、污水与垃圾处理工业企业、石油工业企业等工业污染源，均须对园区或厂区进行防渗处理，防止直接或间接产生的污染物质通过漫流、下渗、扩散、气流输送等途径，进入工业企业园区或厂区周边的土壤与水体中。

二、防渗材料

防渗材料主要包括：天然防渗材料、人工合成有机防渗材料和掺钢纤维抗渗混凝土。

（一）天然防渗材料

天然防渗材料指黏土、膨润土、膨润土防水毯（geosynthetic clay liner，GCL）以及通过人工改性达到防渗性能要求的材料。有部分黏土压实后渗透系数达到 10^{-7} cm/s 以下，可直接在石化项目中使用。天然黏土对萘、菲、荧蒽的吸附率分别达到 39.76%、78.09% 和 97.60%，具有较强的截污能力，能有效阻滞石化场区地下污染物的迁移和扩散。但这类黏土资源十分有限，对于大部分未能达到防渗性能要求的黏土，目前采用的方法是添加膨润土、活性炭、沸石等改性材料进行改性，使之达到防渗性能要求。

（二）人工合成有机防渗材料

人工合成有机防渗材料通常称为柔性膜，是塑料薄膜与无纺布复合而成的土工材料，主要包括高密度聚乙烯膜（HDPE）、聚氯乙烯膜（PVC）、聚乙烯膜（PE）等，其中 HDPE 膜使用最为广泛。HDPE 防渗膜是一种高密度材料，渗透系数在 10^{-12} cm/s 以下，具有较强的防渗性能；HDPE 防渗膜不吸湿并具有较好的防水蒸气性；耐开裂与耐撕裂性能好；防腐性能强。但 HDPE 膜对双轴向拉力的承受能力和耐穿刺能力较差，施工过程复杂且造价昂贵，因此应用范围有限。

（三）掺钢纤维抗渗混凝土

掺钢纤维抗渗混凝土是在混凝土中加入乱向分布的短钢纤维所形成的一种新型复合材料，但该材料存在着容易产生裂缝甚至断裂的问题。目前可通过调整短钢纤维的分布形式来控制混凝土微观裂缝的扩展与宏观裂缝的形成。与传统防渗材料对比，掺钢纤维抗渗混凝土作为防渗材料可节省约 30% 的资源，降低投资费用。

三、防渗原理与机制

（一）水平防渗

水平防渗就是在污染源场地底部及周围铺设低渗透性材料制作的水平屏障，阻止污染物质垂直向底部迁移，将污染物质封闭在场地内，经管道导出进行处理。水平防渗层的构造可根据需要设计成单层、双层黏土结构，或者黏土复合层结构。《生活垃圾卫生填埋技术规范》（CJJ 17—2004）中规定：天然黏土类衬里及改性黏土类衬里防渗层的渗透系数不应大于 1.0×10^{-7} cm/s，且场底及四壁衬里厚度不应小于 2m。人工防渗系统结构比较复杂，需要设置基础层、地下水导流层、膜下防渗保护层、HDPE 土工膜、膜上保护层、渗滤液导流层等，其中膜下防渗层的厚度在 75～100cm，渗透系数不应大于 1.0×10^{-7} cm/s。

1. 天然防渗

天然防渗系统是指采用黏土类土壤和改良土壤作防渗底层的防渗方法。在场地土壤和水文地质条件允许的情况下可以采用天然防渗系统。其对场地水文地质要求如下：土壤的透水率不大于 1.0×10^{-7} cm/s，pH 不小于 7，黏土要有一定的塑性，液性指数大于 20％～30％，塑限大于 10％～15％。天然衬垫能够和渗滤液相容，材料的渗透性不能因为和渗滤液接触而增加。

2. 人工防渗

人工防渗系统是污染源场地地基不能满足天然防渗设计要求时，铺设不透水的人工合成有机材料与黏土结合建成的不透水层。为了减少对周边土壤和水体的污染，人工防渗系层要能够控制污染物质的浸出量，阻挡污染物质向地基的入渗，因此需采用双重保险的防护措施。

主要采用的防渗材料为抗拉性好、抗老化性能高的 HDPE，因其具有抵抗诸如渗滤液这类污染物质的化学腐蚀的性能。HDPE 的渗透系数级数为压实黏土系数级数的 1～2 倍，防渗功能比最好的压实土高 107 倍，而且使用寿命在 50 年以上。HDPE 的断裂延伸率高达 600％以上，能够抵御厂区或园区生产过程中产生的变形。

人工防渗系统包括单层衬层防渗系统、双层防渗系统和复合衬层防渗系统。

（1）单层衬层防渗系统　在抗损性低、场地低于地下水位时地下水流入不会造成污染物质过量或者地下水的上升压力不能导致衬垫系统破坏的情况下，污染源场地可采用一层防渗层。比如垃圾填埋场的单层衬层防渗系统，可由基础层、地下水导流层、膜下保护层、HDPE 土工膜、膜上保护层、渗滤液导流层、土工织物层、垃圾层等组成，如图 4-2 和图 4-3 所示。

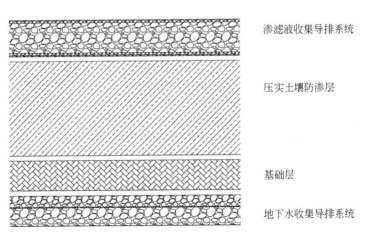

渗滤液收集导排系统

压实土壤防渗层

基础层

地下水收集导排系统

图 4-2　压实土壤单层防渗结构示意图

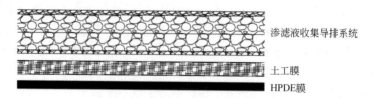

图 4-3　土工膜单层防渗结构示意图

（2）双层防渗系统　双层防渗系统有两层防渗层，在两层防渗层之间的是用来控制和收集液态污染物质中的液体和气体的排水层。衬层上方为液态污染物质收集系统，下方为地下水收集系统。液态污染物质和污染物质发酵产生的气体透过上部防渗层进入排水层，而下部防渗层有阻挡其进入地基的作用，这样就可以很好地控制和收集污染物，构造大体如图 4-4 所示。

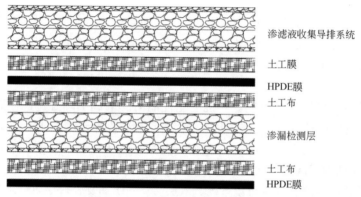

图 4-4　双层土工膜防渗结构示意图

（3）复合衬层防渗系统　复合衬层防渗系统主要有单复合衬层防渗系统和多复合衬层防渗系统两种形式。单复合衬层防渗系统主要包括由两种材料相贴而组成的防渗层，两种防渗材料的组合可以提高防渗效力。常见的单复合衬层防渗系统上层为柔性膜，下层为渗透性低的黏土矿物层。多复合衬层防渗系统和单层衬层的防渗系统结构相似。由于可能出现膜破裂情况，多复合衬层防渗系统用黏土和 HDPE 材料构成的防渗效果比双层衬层的效果好，这是因为膜和黏土表面接触紧密，构造见图 4-5。

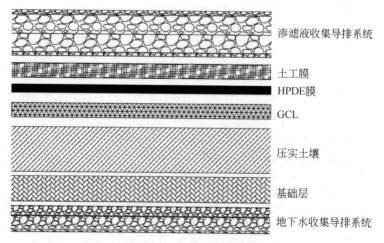

图 4-5　复合防渗结构示意图

（二）垂直防渗

垂直防渗系统是根据污染源园区或厂区的工程地质特征，结合园区或厂区基础存在的弱透水独立单元，在厂区内合理位置垂向设置的防渗工程，其作用是将污染物质阻挡或封闭在区域内，可进行有控制的导出，切断污染物水平方向的运移通道以阻止污染物的迁移和扩散，也具有阻止周围地下水流入厂区的功能。为了阻止污染物沿水平方向迁移和扩散，在工程实践中采取垂直的隔离措施，主要类型有竖向隔离墙、深层搅拌桩、钢板桩墙、灌浆帷幕、高压喷射灌浆板和地下连续墙。

良好的垂直防渗系统应尽量将污染物封闭于厂区中，使其进入污染物处理收集系统；防止地下径流进入厂区，避免产生过多的含污染物的污水；避免生产或处理过程中产生的气体侧向迁移到厂区之外；与污染物有很好的化学相容性，能抵抗污染物的侵蚀，能有效地阻滞有害物质；具有足够的强度和耐久性。

四、防渗施工技术

（一）墙面与地面防渗施工技术

1. 高压喷射灌浆防渗技术

高压喷射灌浆防渗技术是指利用高压射流作用搅动地下土层，破坏地层结构，同时喷射浆液，使浆液与土粒掺和凝结，形成防渗板墙的一种施工技术。用该项技术对堤坝工程进行防渗加固时，按设计的位置钻孔，然后放入高压注浆管，并通过管道与高压水泵（三管法）、空气压缩机和水泥搅拌机等连接。该项技术具有机动灵活、适应地层广且深度较大、施工场地要求不高、可灌性好、可控性好、连接可靠等优势。但在含有较多大粒块石、坚硬黏性土、大量植物根茎或含过多有机质的土以及地下水流速大、喷射浆液无法在注浆管周围凝聚的情况下，不宜采用。

2. 劈裂灌浆加固技术

劈裂灌浆加固技术是通过高压浆液对灌浆孔四周地层进行破坏，使原有裂缝进一步加大和扩散，产生更多的剪切裂缝，而浆液则沿着每条裂缝从土体强度低的地方继续劈裂，灌注入劈裂土体中的浆液相互作用，加固土体，形成了整体，封堵了渗漏通道，达到防渗的目的。该项技术具有适用于土坝坝体及某些地质条件下的地基防渗加固，能形成垂直连续的防渗帷幕，质量可靠，施工速度快，成本低的特点。该技术适合处理压实质量差，有裂缝、洞穴、水平夹砂层等隐患的土坝。

3. 混凝土防渗墙技术

混凝土防渗墙技术利用机械设备在松散透水地基中造槽孔，并在槽孔内注满泥浆固壁，防止孔壁坍塌，再用导管在槽孔中浇注混凝土并置换出泥浆，在透水地基里筑成一道防渗墙体。该技术适用于卵石、漂石、人工堆渣、纯砂等地层，具有实用性较强、适用性较广、施工条件要求较宽、比较安全可靠等优点，但存在施工速度较慢，成本较高的缺点。

4. 搅拌桩防渗墙防渗技术

搅拌桩防渗墙防渗技术以水泥等胶凝材料为固化剂，通过桩机钻杆在地面钻孔，把胶凝材料制成的浆液经高压脉冲泵从钻杆端部的喷嘴向钻杆周围喷射，切割、破坏土体，并提升或下沉搅拌土体和浆液，使之混合均匀，发生一系列的物理、化学反应，形成了一定尺寸的凝结圆柱体，按设计点位重复操作，使土体结成一道墙，起到防渗效果，达到设计要求。该技术的优点是加固效果好、适用面广、施工速度快、可充分利用原地层砂土、无弃土、造价较低。缺点是不适合应用于砾卵石地层，在黏性土层地段施工时应注意施工质量和空心桩问题。

5. 套井回填黏土防渗技术

套井回填黏土防渗技术在土石坝渗漏区内沿坝轴线或坝轴线上游钻孔，根据渗漏情况决定是单排布孔还是双排布孔。一般开孔直径为 110～120cm，开孔后用黏性土在孔内填筑并分层夯实，形成黏土柱，连续不间断施工建造一个地下黏土墙，截断坝身或坝基渗流通道，达到防渗目的。该技术属桩柱式防渗墙，适用于不能采用灌浆处理的窄心墙坝坝体裂缝渗漏的处理。它具有施工方法简单、操作方便、工效高、投资少、处理彻底、便于控制施工质量等优点。

6. 复合土工膜防渗技术

复合土工膜防渗技术将土工织物通过物理和化学手段使表面浸渍或黏合一层聚合物薄膜，两种材料复合成一种土工防渗材料，其防渗性能取决于薄膜的防渗性能。该技术最大优点在于防渗性能好，工程造价低，在力学上还能够改善堤坝本身的结构性能。缺点是开槽深度有限，受地质条件和地下水位的影响较大，接头比较困难。

7. 灌浆帷幕

灌浆帷幕是将浆液向岩体或是土层裂缝、空隙内进行灌注，从而形成连续形式的阻水帷幕，主要用于水闸、大坝的沙砾石地基中或者岩石当中。帷幕的顶部和混凝土底板或是盖重连接，或是和坝体连接，帷幕的底部则延伸到相对不透水岩层，通过帷幕截断渗漏通道或增加渗径，从而有效减少或是彻底阻止地基中地下水向坝体内的渗透，同时一定程度降低渗透水流对大坝造成压力场。

（二）管道防渗施工技术

1. 管道渗漏原因

（1）管道材质　地下排水管道材质主要有混凝土管、铸铁管、钢管、砖石管道、塑料管和钢筋混凝土管道等。由于不同材质本身性能有很大不同，管材的韧性、延展性、强度、刚度等都会有差别，例如 PVC 管，质轻易碎，如果处于荷载较大、压力较大、不均匀沉降的不良环境，就容易出现破裂情况，从而发生渗漏。

（2）沉降不均　埋地排水管道在覆土重力和应力作用下，因沉降不均而产生裂缝而渗漏，渗漏水会在一定土层范围内渗透，导致更大的沉降破坏。地表的行车动荷载或地下交通工具的运行震动也可能造成管道受力不均而产生不均匀沉降。

（3）排水管接口　地下排水管道的接口是易漏水点。由于接口的存在，客观上造成了管道的不连续性，当接口两边产生不均匀沉降时，就会增大接口处的弯矩和内力，当这种破坏力超过接口本身的承受能力时，就容易导致接口破裂漏水。

（4）腐蚀　土壤环境中存在多种化合物、营养物质与土壤微生物，当金属材质的管道处于土壤环境中时，就会与土壤中的化学物质接触，被土壤微生物附着，产生一系列生物化学反应而被腐蚀，管壁会逐渐锈蚀，变薄变脆，强度降低，出现漏水甚至爆管的现象。

（5）温度效应　地埋排水管具有热胀冷缩的现象，温度变化过程中，多次的伸缩变化易导致管道的微小裂缝，裂缝贯穿，就会漏水。夏季土壤温度高，管道受到轴向压应力，冬季则受到轴向拉应力作用。由于管道材质的抗拉强度低于抗压强度，所以管道在冬季受到的温度破坏较大。

（6）人为因素　在实际施工中，某些施工单位缺乏经验，会出现管道基础压实度不够、接口处理不良、管壁与土体间注浆效果差等情况，为管道破损留下隐患。

2. 管道防渗的做法

（1）防渗管沟　将埋地污水管道设置于抗渗钢筋混凝土防渗管沟内，起到保护埋地管的作用。按照施工标准，防渗管沟的沟壁、沟底及沟顶板的混凝土强度不应低于C30，抗渗等级不应小于P8，沟底垫层的混凝土强度不宜低于C15；管顶距离管沟净距不小于200mm，管底设置200mm厚的砂石垫层，管沟净宽不小于污水管管径$D+400$mm，污水管外部填满中粗砂；抗渗钢筋混凝土管沟的沟壁及沟底厚度不小于200mm；沟壁和沟底及沟顶板的内表面应抹聚合物防水砂浆，厚度不小于10mm。管沟的断面图如下图4-6所示。根据装置内污水管道的长度，相应在防渗管沟内设置变形缝，变形缝的间距不宜大于30m。变形缝应设止水带，缝内应设置填缝板和嵌缝密封料。

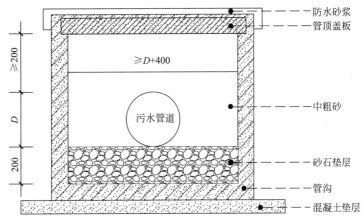

图4-6　抗渗钢筋混凝土防渗管管沟防渗层示意图

（2）内外管套管法　埋地污水管道采用无缝钢管，管道外再用管径大一级或大两级的无缝钢管作为套管，这样形成内外管，在内管外壁间隔一定距离设置定位钢板，定位板不得妨碍内管与外管的伸缩，套管与内管间的间隙应均匀，如图4-7所示。内管的焊接用亚弧保护焊打底，确保内管焊接质量。外管的管外壁采用特加强级防腐。

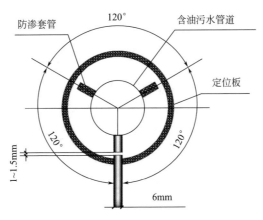

图4-7　防渗套管示意图

第四节　地下水污染修复方法

一、地下水污染原位修复方法

（一）气提法

气提法是在包气带中设立抽水井，使用真空泵在地表抽取包气带中的空气，从而加速土壤中污染物的气相转移速率，达到修复的目的，主要用来去除地下水中的挥发性、半挥发性有机污染物。采用气提法修复地下水时，将处理后的地下水回灌于包气带，处理后的地下水入渗到地下水层中，而未处理的地下水从底部进入井中，取代被抽取的地下水，从而形成地下水的人工循环。在此过程中，水体中的挥发性污染物在井中汽化分离。分离出的污染气体经收集后进行后续处理。

气提方法的优点在于只采用单井抽取气体，很少抽取地下水，具有投资少、运转费用低的特点；可与地表处理、微生物降解联合使用，强化修复效果；设计简单，易于维护。但该工艺在浅层含水层中的处理效果有限，回灌的地下水可造成回灌井堵塞，降低回灌效率，若处理系统设计不合理还会造成污染扩散。

（二）冲洗法

原位冲洗法是利用水、表面活性剂、潜溶剂等冲洗试剂处理污染地下水的一种方法。该方法先将液体注入地下水污染带，然后在下游抽取地下水和冲洗试剂的混合液，进行地下或地上处理。原位冲洗法对介质空隙的冲洗效果显著，不受污染深度和位置的限制，对多种污染物的处理速度比传统的抽取处理方法要快。但在施行原位冲洗法之前，需要展开大量调研、勘察和评估，并制订周密的可行性方案与措施，否则容易造成二次污染，加剧地下水污染程度。

（三）加热法

加热法是利用蒸汽、热水、无线电频率或电阻等对污染场地进行加热，改变污染物的某些特性，并将其去除。如挥发性有机污染物在温度增加时会加速挥发，提高去除效率。蒸汽加热法适用于中等或高渗透性地层，无线电频率或电阻加热法适用于低渗透性的地层。

（四）渗透反应格栅法

渗透反应格栅法（PRB）是在污染源的下游开挖沟槽，然后填充反应介质，当污染物随地下水流过时与反应介质作用并被去除。目前常用的填充介质包括零价铁、微生物、活性炭、泥炭、蒙脱石、石灰、锯屑或其他物质。污染物主要是通过吸附、沉淀、微生物降解等过程去除。

（五）固化法

固化法是在已污染的包气带或含水层中注入某种介质，该介质可以与污染物发生反应，将污染物固化或者降低其活动性，阻止污染物继续迁移。使用该方法之前需要勘察和调研处理场所的水文地质条件，一般适用于中等或较高渗透性能的地层。

（六）微生物处理法

微生物处理法是利用微生物的吸收、代谢、降解等生物作用，将地下水中的污染物去除的方法。有些污染物经微生物彻底分解，得到水、二氧化碳和惰性无机残质等。而有些污染物无法被微生物完全分解，仅转化为一些中间产物，因此，在使用微生物处理法之前，需要确保微生物分解后产生的中间产物不会造成对地下水的二次污染。

（七）植物处理法

植物处理法利用植物的吸收、聚集作用对污染土壤和地下水进行净化。该方法可去除多种污染物，如重金属、农药、杀虫剂等。植物可通过根部吸收、植物转化、植物激化、植物稳定等多种作用方式去除地下水中污染物。植物处理法的优点为无二次污染，对环境的干扰很小，无须土壤的转移。但修复时间较长，处理深度有限。

二、地下水污染异位修复方法

（一）抽取处理法

抽取处理法就是将污染地下水抽出，在地表处理完成后，再将处理后的地下水回灌回地下水层的方法。地表处理污染地下水的方法包括物理法、化学法和微生物法等。该方法适用于地下水环境中易溶污染物的处理，不适于处理难溶污染物，这主要是因为对于难溶污染物的抽取，抽水井的位置很难确定，同时，介质中的污染物难以转移到液相中。

（二）吸附法

吸附法是使用具有吸附作用的固体物质，将地下水中的污染物质吸附在固体物质上，将污染物从地下水中去除的方法。该方法可去除地下水中可溶性污染物。目前应用较多的吸附材料有活性炭、硅胶、吸附树脂、氧化铝、分子筛等。这些吸附材料可根据需要订制成不同形态，比如溶解于地下水中的有机污染物质可用颗粒状的活性炭吸附去除。该方法比较灵活，可吸附去除的物质较多，覆盖面较大，应用比较广泛。但吸附材料一旦对污染物的吸收量达到饱和后，就会停止吸附，因此，为了去除高浓度污染物就需要投加大量的吸附材料，增加处理成本。

（三）化学氧化法

化学氧化法是利用氧化剂氧化污染物，降低其毒性的方法。该方法可用来处理含氯挥发性有机物、硫醇、酚等有机污染物，也可以处理氰化物等无机污染物。化学氧化法常用的氧化剂有臭氧、过氧化氢和氯等，但这些氧化剂氧化得到的产物可能会有毒性，因此在使用前，需要经过严格实验检测，确保其安全无毒方可使用。

（四）监测自然衰减法

监测自然衰减法是利用污染场地天然存在的自然衰减作用使污染物浓度和总量减小，在合理的时间范围内达到污染修复目标的一种地下水污染修复方法。该方法强调自然修复过程，需要在无人为干预条件下进行。通过实施有计划的监控策略，土壤和地下水中的污染物质经过生物降解、弥散、稀释、吸附、挥发、放射性衰减以及化学性或生物性稳定等多种作用后，可降低到对生物体无害、接近自然环境的状态。

第五节 地下水污染调查与评价

一、地下水污染调查概述

（一）地下水污染调查的目标

近年来，我国越来越重视地下水环境的保护与污染防治。原环境保护部发布了《全国地下水污染防治规划（2011—2020年）》，旨在有效控制污染源，保护地下水环境安全。而在环境保护部等部门提出的《关于开展全国地下水基础环境状况调查评估工作的通知》（环办〔2011〕102号）的工作要求中提到，掌握我国工业污染源基本现状以及重点工业污染源地下水基础环境状况是工作的重点之一。

地下水污染调查的任务主要有以下几点。

① 更新全国工业污染源清单信息，遴选需重点调查评估的工业污染源。

② 开展重点的工业污染源地下水基础环境状况调查与污染现状评价。

③ 完成工业污染源地下水调查评估数据库建设及成果图集编制工作。

（二）地下水污染调查的要求

1. 明确职责，部门协作

生态环境部、自然资源部、水利部、财政部会同其他有关部门开展地下水基础环境状况调查评估工作。各部门按照责任分工，要密切配合，沟通协调，优势互补，资源共享，形成合力。地方各级政府对辖区内地下水基础环境状况调查评估工作总负责，要落实牵头部门，统筹协调省级、地市级工作重点，加强组织领导。

2. 技术支持，质量控制

工业污染源专题技术组负责编制专题调查实施方案、培训讲义、技术指南等，指导地方技术组开展工业污染源地下水基础环境状况调查，为地方开展调查评估工作提供技术支持。

3. 精心组织，深入调查

各省（区、市）要制定相应的调查评估实施方案，明确各项工作的责任单位和责任人，结合技术组共性要求，发挥本地区积极性，精心组织实施地下水基础环境调查评估工作，配合总体技术组开展典型案例地下水环境状况评估实施方案和技术指南的完善工作，汇总分析本省（区、市）的调查评估成果。

（三）地下水污染调查的技术路线

地下水污染调查包括四个阶段。①准备阶段。根据调查任务，收集污染源的信息，经过筛选，确定最终的调查对象清单。②调查阶段。收集污染源企业基础资料，通过现场考察和勘探，调查地质、水文地质以及污染源等情况，并对污染源周边的土壤与地下水进行调查和评价，确定监测井建设位置。③评价阶段。根据前期收集的调查资料，对地下水质量和地下水污染进行评价。④地下水基础环境状态评估。

二、确定重点调查对象

利用全国地下水污染调查资料、污染源普查更新成果、工业污染源监测数据等资料，对全国工业污染源基本情况进行统计，其统计信息主要包括工业园区的级别、类别，主要污染行业类别，是否存在储存、使用、生产排放有毒有害物质，有毒有害物质种类及数量，主要污染指标等因素。

三、资料收集与现场踏勘

（一）资料收集

对筛选出的重点工业污染源进行资料收集。主要收集重点工业污染源基本情况、管理状况以及地质及水文地质资料，见表4-1。

表 4-1　调查对象的资料和信息

类别	内容	来源
基础信息	工业污染源(企业、工业污染场地)边界、产权归属、地理坐标、园区级别、批准时间、园区类型、管理机构、管理现状等	政府、企业、环保机构及环评报告等
污染源分布	罐区、管线、污废水处理池、固废堆存地等工业污染源(企业)分布	政府、企业、环保机构及环评报告等
地下水开发利用情况	工业园(企业、场地)及周边地下水水源地(集中式、分散式)分布、水井位置、井结构、开采量、开采用途等	工业园管理机构、城建及水利部门
水文地质资料	调查区地下水类型,含水层系统结构,地下水补给、径流、排泄条件,地下水点(泉、水井)分布,地下水水位、水质动态,地下水流场及其演变,地下水与地表水的关系,主要的水文地质参数(渗透系数、导水系数、储水系数),等	国土部门

（二）现场踏勘

1. 水源地调查

主要调查地表水水源地、地下水型集中式饮用水水源地、水源地的实际规模、水源地的开采运行情况、水源地的水质变化情况、水源地供水服务对象的类型及规模、有无饮水造成的人畜安全问题等。

2. 污染源调查

（1）调查走访与现场踏勘　访问工业污染源的知情人员获得工业污染源归属、生产活动历史及现状、污染排放等相关信息；访问调查对象所在区地质、水利等部门，获知调查对象及其周边的水文地质及与地下水质量相关信息，以及调查对象的污染排放情况和地表水信息及调查对象周边水源地情况。调查对象和地下水管理状况调查，为后期地下水及土壤监测提供资料基础。最后根据走访与踏勘结果填写调查表与踏勘表。

（2）现场测试　为了更详细地了解工业污染源的污染状况，应开展现场测试工作，测试内容包括土壤和地下水的物理化学指标（pH、电导率等）、可疑污染组分含量（挥发性有机物、重金属等）、水化学指标（溶解氧、电导率等）。根据现场测试结果，填写调查表格。调查中常用的几种便携式仪器的类型、功能、应用见表4-2。

表 4-2　便携式仪器的类型、功能及应用说明

仪器类型	功能	应用
土壤重金属检测仪（如 X 射线荧光仪）	检测土壤中的铬、镉、铜、砷、汞、铅、锌、锑、汞等几十种金属和类金属	① 识别污染物种类 ② 初步确定污染物浓度范围 ③ 初步识别表层土壤污染范围 ④ 指导土壤样品的采集
气体检测仪（如光离子检测仪）	检测土壤、大气中挥发性有机物以及 H_2S、SO_2、CO_2、Cl_2、NH_3 等气体的浓度	
水质多参数检测仪	检测水的温度、pH 值、氧化还原电位（ORP）、溶解氧浓度、电导率、浊度等水质指标	① 初步判断地下水水质变化状况 ② 指导水样样品采集
土壤多参数检测仪	检测土壤的电导率、温度、pH 值、含水量等指标	① 识别土壤参数异常范围 ② 指导土壤样品采集

3. 基础地下水水文地质调查

（1）基本要求　基础地下水水文地质调查主要收集已有水文地质资料，查明工业污染源、工业污染源至周边一定范围内水源地之间的水文地质结构，地下水补、径、排条件，地下水流场特征等内容。

（2）钻孔布置　钻孔数量一般至少 4 个，且至少有 3 个呈三角形布置，以便呈现工业污染源内的流场，其他钻孔可布置在工业污染源与水源地之间，用于调查区间的水文地质结构。水文地质调查的钻孔应考虑到后续地下水污染调查的需要，秉持"一孔多用"的原则。

（3）水文地质结构调查　调查工业污染源、工业污染源至周边一定范围内水源地之间含水层、相对隔水层、隔水层的岩性和厚度及其变化情况，以剖面图或立体图表示。

（4）地下水补径排条件调查　收集地下水补给条件资料，包括降水、人工回灌、地表水补给等因素。收集工业污染源及其周边地区的降水量及水化学变化（月、年）；收集和访问灌溉制度；收集或观测地表水水位、流量、水质变化，分析地表水与地下水的相互关系。根据地形地貌、水文地质条件、地下水开发利用状况等，分析地下水与地表水体间的补排关系等。

（5）地下水流场特征调查　应至少统测一次工业污染源至水源地之间一定范围内井（孔）地下水水位，绘制地下水位等值图，确定地下水流向。统测应以潜水含水层和水源地开采含水层为主。

四、监测井布置

地下水监测点布设前，要收集该地区的地形地貌、水文气象、水文地质、地下水位动态等资料，对于岩溶裂隙含水层地区要充分掌握调查区域内地质构造、断层破碎带、岩溶裂隙发育方向等地质资料。尽量选择工业污染源及周边已有的水井、监测井（孔）、试验井（孔）等，开展地下水污染调查监测，这样可以避免不必要的钻井工作。而选择的监测井要具有代表性，其水质能够代表所调查含水层的水质现状。

五、采样分析

（一）检测项目

检测项目包括地下水指标、土壤指标、地表水指标，测试的具体指标主要依据《地下水质量标准》（GB/T 14848－2017）、《土壤环境质量 农用地土壤污染风险管控标准》（GB 15618－2008）、《地表水环境质量标准》（GB 3838－2002）等。具体如表 4-3～表 4-5 所示。

表 4-3 地下水测试指标一览表

指标类型			指标名称	指标数量
天然背景离子（必测）			钾、钙、钠、镁、硫酸盐、氯离子、碳酸根、碳酸氢根	8
常规指标（必测）			pH、溶解氧、氧化还原电位、电导率、色、嗅、味、浑浊度、肉眼可见物、总硬度、溶解性总固体、铁、锰、铜、锌、挥发性酚类、阴离子合成洗涤剂、高锰酸钾指数、硝酸盐、亚硝酸盐、氨氮、氟化物、氰化物、汞、砷、硒、镉、六价铬、铅、总大肠菌群	31
特征指标	石油加工/炼焦及核燃料加工业	精炼石油产品的制造	氨氮、总氮、总磷、总石油烃、挥发酚、硫化物、卤代烃、多环芳烃（PAHs）、苯系物（BETX）、苯酚、烷基苯、铅、六价铬、砷、钒、镍	16
		炼焦	苯、氰化物、酚类、多环芳烃（PAHs）、苯并[a]芘	5
	有色金属冶炼及压延加工业	常用有色金属冶炼	铝、铅、铜、镉、六价铬、砷、硒、汞、锌、锑、钡、铍、钼、镍、银、铊、金	17
		贵金属冶炼		
	化学原料及化学制品制造业	农药制造	氰化物、挥发性酚、磷酸盐、有机磷农药、有机氯农药、硫化物、氟化物	7
		涂料、油墨、颜料及类似产品制造	烷烃、烯烃、卤代烃、苯类、硝基苯类、总石油烃、油脂类、氰化物、挥发性酚	9
		专用化学产品制造		
	纺织业	棉、化纤纺织及印染精加工	硫化物、苯胺、铬、BOD₅、COD	5
		毛纺织和染整精加工		
		丝绢纺织及精加工		
	皮革、毛皮、羽毛（绒）及其制品业	皮革鞣制加工	六价铬、氯化物、硫化物、BOD₅、COD	5
		毛皮鞣制及制品加工		
	金属制品业	金属表面处理及热处理加工	铜、铅、锌、汞、镉、铬、镍、三氯乙烯、二氯甲烷及四氯乙烯	10

注：根据工业污染源行业性质，选择主要特征污染指标不少于 20 项作为必测指标，对于污染物比较单一的工业污染源及废弃场地，特征污染物必测指标控制在 3～10 个。未在本表中列出的其他行业地下水样的特征污染物指标的测试可根据实际情况由地方选择。

表 4-4 土壤监测指标一览表

指标类型		指标名称
理化		土壤含水量、土壤酸碱度、可溶盐、氧化还原电位、阳离子交换容量(CEC)、土壤颗粒级配、有机质含量、土壤矿物组成
无机指标		镉、汞、砷、铜、铅、六价铬、锌、镍、总磷(TP)、总氮(TN)、氟化物、氰化物
有机指标	综合	滴滴涕(总量)、六六六(总量)、总石油烃
	农药	六氯苯、七氯、七氯环氧、艾氏剂、狄氏剂、异狄氏剂、氯丹、毒杀芬、甲基对硫磷、马拉硫磷、乐果、敌百虫、乙烯甲胺磷、五氯酚、甲草胺、阿特拉津、甲胺磷
	卤代烃	三氯甲烷、四氯化碳、1,1,1-三氯乙烷、三氯乙烯、四氯乙烯
	单环芳烃类	苯、甲苯、乙苯、二甲苯
	多环芳烃类	萘、苊、二氢苊、芴、菲、蒽、荧蒽、芘、苯并[a]蒽、䓛、苯并[b]荧蒽、苯并[a]芘、二苯[a,h]蒽、苯并[g,h]芘
	其他	三氯乙醛、挥发酚、邻苯二甲酸酯

表 4-5 地表水体测试指标参考一览表

指标类型	指标名称	指标数
无机必测项	pH 值、溶解氧、锰酸盐指数、COD、BOD_5、氨氮、总磷、总氮、锌、氟化物、硒、砷、汞、镉、六价铬、铅、氰化物、挥发酚、石油类、硫化物、硫酸盐、氯化物、硝酸盐	23
有机必测项	如果是地表水源地则有机项的测定根据《地表水环境质量标准》(GB 3838－2002)中表 3 选择 3～10 项与工业污染源主要有机物相关的指标测试	3～10

（二）采样时间和频次

每个调查对象在布设监测井之前完成一次地下水采样分析工作，土壤样品采集时间与打钻和建立监测井同步。有条件的地方可按丰水期和枯水期各监测一次。

（三）样品处理

1. 样品采集、保存

地下水、土壤环境监测样品采集与保存参见《地下水环境监测技术规范》(HJ/T 164－2004)和《土壤环境监测技术规范》(HJ/T 166－2004)。

2. 实验室分析

地下水样品的分析应按照《地下水环境监测技术规范》(HJ/T 164—2004)中指定的方法进行；土壤样品的分析应按照《土壤环境监测技术规范》(HJ/T 166—2004)中指定的方法进行，其中，污染土壤的危险废物特征分析应按照《危险废物鉴别标准 通则》(GB 5085.7—2019)和《危险废物鉴别技术规范》(HJ/T 298—2019)中指定的方法进行。

六、地下水质量与污染现状评价

（一）地下水质量评价

根据收集的资料和调查的结果，对不同含水层的地下水质量进行评价，评价方法采用《地下水质量标准》(GB/T 14848—2017)中的单指标评价法、综合评价法。

对于《地下水质量标准》(GB/T 14848—2017)之外的指标，微量有机污染物组分采用《地表水环境质量标准》(GB 3838—2002)中"集中式生活饮用水地表水源地特定项目标准限值"的内容进行评价，超标的依据是以各自标准的Ⅲ类限值为基准，指明超标因子与超标倍数。

对于未列入《地下水质量标准》（GB/T 14848－2017）和《地表水环境质量标准》（GB 3838－2002）的指标，以《生活饮用水卫生标准》（GB 5749－2006）中的限值为基准，需指明检出组分名称和检出值。

（二）地下水污染评价

地下水污染现状评价可反映地下水受人类活动影响的污染程度。评价过程中，在除去背景值的前提下，以《地下水质量标准》（GB/T 14848－2017）和《地表水环境质量标准》（GB 3838－2002）为对照。

采用污染指数 P_{ki} 法进行地下水污染评价。

$$P_{ki} = \frac{C_{ki} - C_0}{C_{\text{Ⅲ}}} \tag{4-1}$$

式中　P_{ki}——k 水样的第 i 项污染指数，无量纲；

　　　　C_{ki}——地下水中某评价因子的实测浓度值，mg/L；

　　　　C_0——地下水中某评价因子的背景值，mg/L；

　　　　$C_{\text{Ⅲ}}$——地下水中某评价因子的标准值，mg/L。

污染指标分级标准为：$P \leqslant 0$，污染级别为Ⅰ级，污染分级为未污染；$0 < P \leqslant 0.2$，Ⅱ级，轻污染；$0.2 < P \leqslant 0.6$，Ⅲ级，中污染；$0.6 < P \leqslant 1.0$，Ⅳ级，较重污染；$1.0 < P \leqslant 1.5$，Ⅴ级，严重污染；$P \geqslant 1.5$，Ⅵ级，极重污染。

污染评价可采用单点综合评价，在单点评价的基础上，选择该点的单点污染评价因子中最高的污染级别作为本点的污染评价结果。在评价区地图上标注地下水污染单点综合评价结果，并对评价区内目标含水层污染状况进行分析，得到地下水污染级别的空间分布图。

（三）地下水污染成因分析

根据调查区的包气带岩性、厚度、渗透性能等基础资料，定性或定量分析评价调查区的含水层易污染性，为地下水污染成因分析提供基础。

在地下水环境污染评价的基础上，结合调查区主要污染企业和污染源分布，按照污染源位置、污染物种类、污染途径、污染程度和污染范围的顺序，分析地下水主要特征指标的污染途径、污染历史、污染程度以及污染变化趋势，说明地下水污染与工业污染源内主要污染企业及污染源的关系，初步判断疑似地下水污染源，为地下水污染治理提供科学依据。

七、资料整理与成果编制

（一）整理要求

原始资料的整理应按照环保、地质资料验收的有关规定整编。整编内容包括：以调查内容作为分类整编原始资料的依据；将各类纸介质形式的原始资料，按调查时序排列，汇编成册，形成卷宗，并附上资料清单；将各类电介质原始资料（如 Excel 测试分析结果），按类建立文件夹，按调查时序建立子文件夹，并刻录成光盘。

（二）原始资料分类内容

原始资料分类内容包括：待选工业园区资料，调查区地质-水文地质资料、园区土地利用及污染史资料、污染源调查资料、土壤污染调查资料、地下水污染调查资料、地球物理勘查资料、其他资料等。调查资料录入数据库，作为永久性资料以备查考。

（三）成果编制

成果编制包括报告的编制和图件的编制。报告编制内容为整理的基础数据与分析资料。图件编制内容包括工业园区调查实际材料图、工业园区水文地质图、区域水文地质图（涵盖工业园区与水源的区域）、工业园区及区域地下水流场图、工业园区地下水主要污染物分布图等。图件应尽量采用专业绘图软件（ARCGIS、MapGIS、CorelDRAW、AutoCAD等）绘图；平面图上应标示出图例、地理坐标北方向、线状比例尺、责任栏（制图人、审核人、日期）等，剖面图上应标示出深度、剖面方向、图例、责任栏等；图面大小、比例应适中，图中字及符号清楚，色彩搭配合理，地层岩性图示和符号应符合地质调查和工程地质勘察有关规范要求。

（四）成果提交

最终成果需要提交成果报告和调查系列图件。调查系列图件包括工业污染源调查实际材料图、工业污染源及周边区域水文地质结构图、工业污染源及周边区域地下水流场图、工业污染源分布图、工业污染源地下水主要污染物及浓度分布图、地下水监测点布设图等。

第六节　地下水污染修复案例

该案例为上海格林曼环境技术有限公司的张晶等设计的实际工程，主要修复某电子机械厂区域地下水中的有机物复合污染，更多内容可参见本章参考文献 [1]。

一、场地基本状况

（一）场地污染状况

该案例中，污染场地为一家电子机械厂厂区。前期调研之后发现场地地下水受到污染，污染物包括总石油烃、多环芳烃（苯并 [a] 芘和苯并 [a] 蒽）以及苯系物（乙苯和1，2，4-三甲苯），污染深度为地下 0.5～4 m，并且部分修复区域发现有明显轻质非水溶性流体（LNAPL）。调查之后，即列出了目标污染物质的最高检出浓度与修复目标值统计表。具体数值详见参考文献 [1]。

通过分析认为，该场地部分区域污染严重，存在明显的 LNAPL，并且多环芳烃类污染物修复目标值较低，修复难度较大。

（二）场地地质和水文地质条件

在进行修复方案选择之前，需要先考察污染场地的地下水和地质条件。经现场调研得出，场地粉质黏土层横向渗透系数为 0.015 m/d，砂质粉土层横向渗透系数为 0.15 m/d。场地潜水含水层水位埋深在 0.8～1.2 m，流向为西北向，主要通过大气降雨补给，通过蒸发和地下渗透方式排泄，水力坡度约 0.2%。

二、修复工程设计和实施

该案例中，待修复场地为有机物复合污染，并且存在 LNAPL。单纯使用一种修复技术很难在有限的修复周期内达到修复目标，最终采用了多相抽提（MPE）结合原位化学氧化（ISCO）的联合修复技术进行修复。

（一）多相抽提

该案例设计安装了一套集装箱式成套 MPE 系统。地下介质中的 LNAPL、污染地下水和土壤气体以气水混合物的形式通过抽提井被真空抽提至气水分离器中，实现气/水/油三者分离。分离出的 LNAPL 作为危险废物处置；分离出的污染地下水统一排入废水罐中，检测合格则排入市政污水管网，检测不合格则通过地面废水处理设施处理后达标排放；分离出的气体经过除湿器除湿后，通过活性炭吸附处理后排入大气。其中，地面废水处理系统的工艺为"铁碳还原＋厌氧/好氧生物处理"。图 4-8 所示为MPE 系统工艺流程。

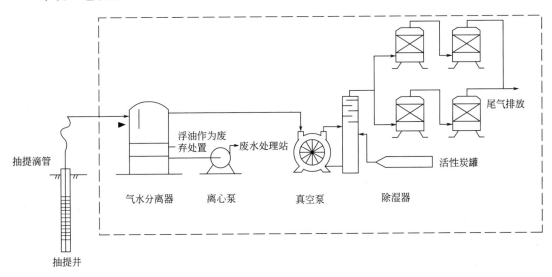

图 4-8　MPE 系统工艺流程图

为了确定多相抽提系统中的各个参数，需要先进行中试试验。通过中试试验需要确定：抽提井的影响半径、修复区域内的抽提井个数、抽提井间距、抽提井材质、抽提井外径和深度、抽提滴管规格、真空泵规格等。该方案中的抽提井结构和地面管路连接图如图 4-9所示。

真空泵产生的负压通过抽提总管传导至抽提滴管中，抽提井周边自由相轻质非水溶性流体、地下水和土壤气体随之被抽提出来。通过调整系统负压，控制抽提速率，保持抽提井中轻质非水溶性流体、地下水和土壤气体以气水混合物的形式被持续稳定抽提出来。抽提出来的气水混合物首先进入气水分离器，自由相轻质非水溶性流体和地下水被截留在气水分离器中，抽提气体则继续进入后部的除湿器，最后通过活性炭吸附罐处理后排放。气水分离器中的自由相轻质非水溶性流体后续作为危废离场处置。气水分离器中的污染地下水则通过离心泵排入临时废水储存罐，若监测达标，则直接排入市政污水管网；若监测不达标，则排入现场的污水处理站处理后达标排放。

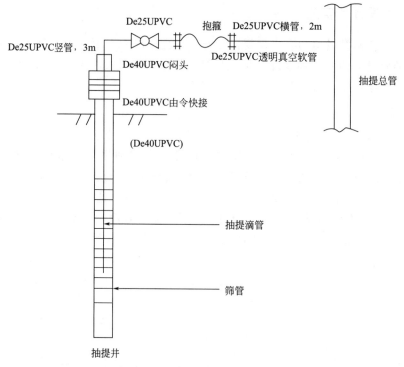

图 4-9　抽提井结构和管路连接示意图

多相抽提系统的运行参数需要确定：运行期间的抽提真空度、单井抽提水量、单井抽提气量、整个区域总抽提水量。平时运行维护时，系统除湿器内的干燥剂硅胶也需要定期更换，硅胶经过烘干后可以重复使用。使用光离子检测器定期检测排放尾气，并及时更换活性炭。该案例中的多相抽提系统运行了 45 天后，地下水中已不存在明显轻质非水溶性流体。过程监测表明，在局部区域部分目标污染物浓度仍然未达标，并且随着 MPE 系统的运行，污染物浓度趋于稳定，不再明显降低。

（二）原位化学氧化

当地下水中不存在明显轻质非水溶性流体且污染物浓度不再明显降低后，该案例通过原位化学氧化修复的方式进一步降低土壤和地下水污染浓度。原位化学氧化是通过向地下水中加入强氧化剂，产生氧化还原反应分解或转化地下水中的有机污染物，形成环境无害的化合物的修复技术。

该案例使用的过硫酸盐类氧化剂为 NaS_2O_8，配合 $NaOH$ 作为激活剂。主要化学反应方程式为：

$$S_2O_8^{2-} + 2H^+ + 2e^- \longrightarrow 2HSO_4^-$$

反应产生的氧化还原电位达 2.1V，高于 H_2O_2（1.8V）和高锰酸盐（1.7V）。同时在激活剂作用下，产生如下反应：

$$S_2O_8^{2-} + 激活剂 \longrightarrow SO_4^- \cdot + SO_4^- \cdot 或 SO_4^{2-}$$

反应产生的硫酸根自由基（$SO_4^- \cdot$），是一种更强的氧化剂，氧化还原电位 2.6 V，与羟基自由基（$OH \cdot$）（2.7V）相近，并且比 $OH \cdot$ 更加稳定，能够在地下介质中迁移更长的距离。

该案例通过 1.5 m 的化工搅拌桶配置质量分数 20％的过硫酸钠和质量分数 15％的 NaOH 混合溶液。确保注射后地下水环境的 pH 在 11 左右。地下水环境的 pH 不能低于 10，否则过硫酸钠氧化剂的活性会显著降低。利用前期多相抽提修复的抽提井作为氧化剂注射井使用，选择在过程监测中不达标区域的 20 个注射井进行注射。通过气动隔膜泵进行氧化剂的注射。注射系统工艺流程如图 4-10 所示。

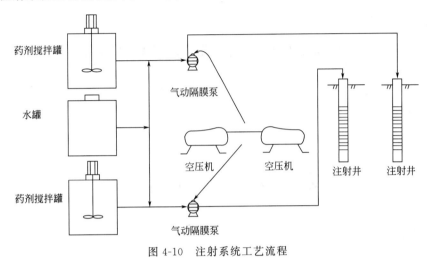

图 4-10　注射系统工艺流程

注射期间，需要确定的运行参数包括：单井注射压力值范围、注射速率、每个点注射的混合药剂溶液质量范围等。

三、修复效果

经过修复之后，对修复区域的监测井进行了采样并送第三方检测。从最终的检测结果看，修复效果显著，目标污染物达到了修复目标。

参考文献

[1] 张晶，张峰，马烈，等.多相抽提和原位化学氧化联合修复技术应用——某有机复合污染场地地下水修复工程案例 [J].环境保护科学，2016，42（3）：154-158.
[2] 中华人民共和国环境保护部.环境影响评价技术导则——地下水环境：HJ610—2016.
[3] 中国地质调查局地下水污染地质调查评价规范：DD2008-01.
[4] 方玉莹.我国地下水污染现状与地下水污染防治法的完善 [D].青岛：中国海洋大学，2011.
[5] 郑西来.地下水污染控制 [M].武汉：华中科技大学出版社，2009.
[6] 中华人民共和国环境保护部.全国地下水污染防治规划（2011—2020 年）(OL).2011-10-28.
(http：//www. gov. cn/govweb/gongbao/content/2012/content _ 2121713. htm)
[7] 中华人民共和国环境保护部.关于开展全国地下水基础环境状况调查评估工作的通知.2011-08.
[8] 任丽霞.地下水修复多属性决策分析方法与应用研究 [D].北京：华北电力大学，2017.
[9] 袁文铁.红沿河水库防渗技术研究 [D].咸阳：西北农林科技大学，2019.
[10] 工业源技术组.重点工业污染源及周边地下水基础环境状况调查评估培训讲义.2014.
[11] 苏毅.浅析石油化工生产装置内的埋地污水管道的防渗做法 [J].山东化工，2019，48：146-148.
[12] 石玉峰.石化企业地下污水管道防渗设计 [J].广州化工，2015，43（12）：156-158.
[13] 郑才庆，支国强，李田富，等.我国地下水污染现状及对策措施分析 [J].环境科学导刊，2018，37：49-52.

第五章 大气污染修复

第一节 大气污染概述

一、大气污染现状

随着世界工业化的发展，排放到环境中的废气逐年增多，环境自身容纳量和净化程度降低，大气环境变得越来越恶劣。由于大气的质量恶化会严重影响人们的健康，所以世界各国均开始保护和治理大气环境，以此提高环境本身的承载能力，并且达到保护环境的目的。

现下我国大气环境质量有待提升，大气污染的特征是污染范围大，扩散速度快且不易控制。基于此情况，若想对大气污染进行治理，不但需要从各种大气污染案例的研究中获取经验，还应参考实际情况。

目前，已知的大气中存在的污染物的数量有数百种，主要的影响因素也已经达到数十种，因此实际处理难度非常大。且国内研究仍处于起步阶段，对于大气污染修复的工作仍需进一步深入。

二、大气污染物的形态

大气污染物的种类很多，按形态划分，可分为气溶胶态污染物和气态污染物。

（一）气溶胶态污染物

生活中人们常用灰霾来描述空气污染程度，灰霾指的是空气中的颗粒污染物，灰霾给光化学烟雾提供了更可能生成的环境，强烈的日照、低流动的空气和较小的湿度使城市中的各种颗粒污染物无法及时扩散，增加了光化学烟雾产生的概率，而且还会造成空气的二次污染。平时生活中常用来衡量大气污染的一些重要指标包括以下几种。

① 总悬浮颗粒物（total suspended particulate，TSP）：悬浮于空中，空气动力学当量粒径小于等于 $100\mu m$ 的颗粒物。

② 可吸入颗粒物（PM_{10}）：悬浮于空中，空气动力学当量粒径小于等于 $10\mu m$ 的颗粒物。

③ 细颗粒物（PM$_{2.5}$）：悬浮于空中，空气动力学当量粒径小于等于 $2.5\mu m$ 的颗粒物。

④ 粉尘：悬浮于气体介质中的细小固态粒子（粒径在 $1\sim200\mu m$）、降尘（粒径＞ $10\mu m$）、飘尘（粒径＜$10\mu m$）。

⑤ 烟气：工业生产和民用生活过程中形成的固体气溶胶（粒径在 $0.05\sim0.1\mu m$）。

⑥ 飞灰：燃料燃烧后产生并由烟气带走的灰分中很细的分散粒子。

⑦ 黑烟：燃烧产生的能见气溶胶（粒径在 $0.05\sim1\mu m$）。

⑧ 雾：小液体粒子的悬浮体（水滴粒径在 $200\mu m$ 以下）。

（二）气态污染物

1. 含硫化合物

① 主要污染物是 SO_2、SO_3、H_2S。

② 含硫化合物气态污染源的性质是有刺激性气味。SO_2 能与水反应生成亚硫酸，SO_3 能与水反应生成硫酸。

2. 含碳化合物

含碳的化合物主要是一氧化碳 CO、二氧化碳 CO_2

① CO 是无色、无味、无臭的气体；有毒，能与氧气争夺血液中的血色素，使血液携带氧气的能力大大降低，使人体缺氧而窒息。CO 是城市大气中排放数量最多的污染物，大约占大气污染物总量的 $1/3$。

② CO_2 是典型的温室气体，主要来自燃料的燃烧。主要的温室气体有二氧化碳、甲烷、二氧化氮、氯氟烷烃等。

大气中的某些微量组分，能使太阳的短波辐射透过，加热地面，而地面增温后释放热辐射，又会被这些组分吸收，进一步使大气增温。由于这些组分的作用在某些方面类似温室的玻璃房顶，这种现象被称为温室效应，这些组分被称为为温室气体，CO_2 是温室气体的主要成分。温室效应首要的影响是使全球气候异常变暖，这是全球性的灾难。气候变暖会使全球降水量重新分配，冰川和冻土消融，海平面上升，等。

3. 含氮化合物（NO_x）

（1）主要的常见污染物　主要是二氧化氮（NO_2），其次是一氧化氮（NO）和一氧化二氮（N_2O）。二氧化氮呈红棕色，有恶臭刺激性气味。

（2）氮氧化物的危害

① 毁坏棉花和尼龙等织物。

② 影响植物的生长，如使柑橘落叶并产生萎黄病和减产。

③ 引起急性呼吸道病变，会导致光化学烟雾。

4. 烃类化合物（C_xH_y）

烃类化合物污染的主要物质是烷烃、烯烃和芳香烃及其与卤族元素和氮族元素形成的化合物。

5. 光化学烟雾

光化学烟雾是指在阳光照射下，大气中的氮氧化物、烃类化合物和氧化剂之间发生一系列光化学反应而生成的蓝色烟雾，有时带些紫色或黄褐色。主要成分是臭氧（O_3）、过氧乙酸硝酸酯（PAN）、酮类、醛类等。

三、大气污染来源

能使空气质量变差的都是大气污染物。有自然因素和人为因素，人为因素为大气污染的主要来源。

（一）大气污染的天然来源

① 火山爆发：排放出 H_2S、CO_2、CO、HF、SO_2 及火山灰等颗粒物。

② 森林大火：排放出 CO、CO_2、SO_2、NO_2 等。

③ 自然尘：风砂、土壤扬尘等。

④ 森林植物释放：主要为萜烯类和烃类化合物。

⑤ 海浪飞沫颗粒物：主要为硫酸盐与亚硫酸盐。

以上情况发生概率不高，因此影响不是特别大。但是若发生类似情形，所造成的大气污染将会非常大。

（二）大气污染的人为来源

人为污染指的是人类活动向大气排放的污染。人为大气污染源可以概括为以下几个方面。

（1）化石燃料燃烧排放的污染物　指煤、石油、天然气等燃料的燃烧产生的气体污染物。煤的主要成分是碳，并含氢、氧、氮、硫及金属化合物，在燃烧时不仅产生大量烟尘，还会产生一氧化碳、二氧化碳、二氧化硫、氮氧化物、有机化合物等有害物质。

（2）工业生产排放的污染物　包括化工企业排放的硫化氢、二氧化碳、二氧化硫、氮氧化物；有色金属冶炼工业排放的二氧化硫、氮氧化物及含重金属元素的烟尘；化肥厂制造肥料时排放的氟化物；酸碱盐化工业排出的二氧化硫、氮氧化物、氯化氢及各种酸性气体；钢铁厂在炼铁、炼钢、炼焦过程中排放的灰尘、硫氧化物、氰化物、一氧化碳、硫化氢、酚、苯类、烃类等。表 5-1 为各类污染物的主要来源。

表 5-1　污染物的主要来源

污染物	主要来源
烟尘及生产性粉尘	火力发电厂、钢铁厂、有色金属冶炼厂、化工厂、锅炉厂等
一氧化碳	焦化厂、炼铁厂、化工厂、煤气发生站、石灰窑等
二氧化硫	火力发电厂、石油化工厂、有色金属冶炼厂、使用硫化物的企业等
氮氧化物	氮肥厂、硝酸厂、染料厂、炸药制造厂、汽车废气等
烃类	石油化工厂、汽车废气
硫化氢	化学纤维厂、橡胶硫化厂、制药厂、杀虫剂等
二硫化碳	橡胶硫化厂、化学纤维厂、生产二硫化碳的工厂等
氟化氢	制铝厂、磷肥厂、冰晶厂等
氯气	各种氯化物制造厂、大型化工厂的漂白粉车间、生产合成盐酸的工厂等
铅	印刷厂、蓄电池厂、有色金属冶炼厂等
汞	仪器仪表厂、灯泡厂、汞电解法氯碱厂等
砷	硫酸厂、农药厂等
镉	炼锌厂等

（3）交通排放的污染物　汽车轮船等排放的尾气是造成大气污染的主要来源之一。消耗的石油经燃烧产生的气体含有一氧化碳、氮氧化物、烃类化合物、含氧有机化合物、硫氧化物和铅的化合物等有害物质。

（4）农业中排放的污染物　农忙喷洒农药时，会以粉尘等颗粒物形式扩散到大气中，在农作物上残留的农药也会挥发。农作物焚烧所产生的烟尘也会扩散到大气中。

（5）生物污染物　通过花粉以及特殊的霉菌孢子散播，使一些特殊体质的人产生不良反应。此外，抵抗力强的结核杆菌、化脓性葡萄球菌、粪链球菌等会被人类吸入而引起疾病。

（6）其他有害物质　在开采、加工放射性矿藏时产生，核工业、核武器试验也会产生有害放射性物质。主要污染物为锶-90、碘-131、铯-137等。这些物质会使人类产生头痛、头晕、食欲下降、睡眠不良，继而出现白细胞降低、血小板减少，远期效应为出现各种癌症、不育以及遗传性疾病等。

四、大气污染的危害

大气污染的危害主要包括以下几个方面。

（一）对人类身体的危害

空气是人类赖以维持生命的最重要的物质。研究表明，大气污染与呼吸道疾病、生理机能障碍以及眼鼻黏膜组织等相关疾病有着最直接的因果关系。污染物在大气中聚集到一定浓度，就会造成急性污染中毒或生理机能退化，进而加速原有病症恶化。即使污染物浓度的增加在短期内不会对人体造成损害，但长期吸入，也会引发呼吸道疾病。

（二）对生物的危害

对动物造成危害的，主要是以砷、氟、铅、钼等为主的有毒有害物质，动物通过呼吸道吸入、感染以及食用被大气污染的食物致病甚至死亡。当大气中污染物的浓度上升到一定程度时，被污染的植物叶表往往会产生斑点或直接枯萎脱落。即使污染物浓度不高，也会导致植物叶片褪绿，生理机能受损，最终走向衰亡。

（三）对物品的危害

污染大气会对仪器仪表、金属、建筑材料等产生腐蚀。

（四）对大气层的危害

大气层受到的危害主要是臭氧层的破坏。臭氧能过滤掉太空中的大部分有害紫外线，使地球生物受到的危害减少。臭氧含量过高，会使生物中毒；反之，臭氧含量过少，不能滤过大部分紫外线，人类患上皮肤癌的概率会大大增加，植物也会枯萎死亡。

（五）对气候的危害

污染物大量聚集阻碍太阳辐射，使生物无法被阳光充分照射；形成酸雨；CO_2等温室气体的大量排放引发"温室效应"；出现城市热岛效应。

五、大气污染控制法规

2013年9月国务院制定并印发了《关于印发大气污染防治行动计划的通知》，在政府治理层面开始使用"大气污染防治"一词，旨在强调运用政策、经济等手段来防治大气污染，用以区别环境工程中所指的运用物理、化学以及生物等技术手段全国防治大气污染。

大气环境是环境保护的重要组成部分，与人们的日常生活息息相关。由于我国工业化大力发展以及汽车、轮船等交通工具的大量涌现，大气环境也受到难以挽回的破坏。因此，我国对环境污染防治提高了重视，并且于2015年颁布了新的《环境保护法》，环境质量得到了较大的改善。随后《中华人民共和国大气污染防治法》（简称《大气污染防治法》）也得到修订并日益完善。

《大气污染防治法》属于个体行为规制，排污手段也是个体排污，然而，这一排污方法尚需完善，因为大气污染物的排放不受个体排放污染物的控制，就不能保证《大气污染防治法》落实到位。所以《大气污染防治法》需要对法律设置进行进一步革新，在大气环境质量标准和地方政府法律责任的基础上，选择一个良好的规程来实施这一法规。使国家法律能够更好地结合法律手段和市场手段来调和环境和发展的矛盾，进一步保证经济、社会和环境和谐统一。

党的十九大以来，为坚决贯彻执行习近平总书记打赢蓝天保卫战的有关指示精神，全国上下深入开展大气污染控制攻坚行动，环境空气质量得到显著改善。但是，如要彻底解决大气污染的问题，要依靠社会、经济与科学技术等多方面的共同发力。能联合这些特点的，是以《大气污染防治法》为首的大气环境保护法。

第二节　大气污染的修复与治理

修复从工程学意义讲，是指借助外界作用力使受损的特定对象部分或全部功能恢复到原初状态的过程。环境意义上的修复是指对被污染的环境采取物理、化学与生物学技术措施，使存在于环境中的污染物质浓度减少或毒性降低或完全无害化。大气环境的修复是指采取一定的措施包括物理、化学和生物的方法来减少大气环境中有毒有害的化合物。

一、有机气体的修复治理

有机气体，就是指呈气体状态的有机物。大部分的有机气体都是极易燃烧的，只有少数的几种有机气体不易燃烧，其中卤代烃、芳香烃等沸点低的烃结构复杂，进入大气中就会产生污染，人体吸入后会产生极大的危害。因此，对于有机气体的修复治理要谨慎。

（一）燃烧

由于有机物大部分具有沸点低、易燃等性质，最常用的处理方法就是燃烧法。将这一类有机气体通入气体燃烧室内，室内温度调节到一定程度，不断通入空气保持燃烧状态，大部分最终产物是水和二氧化碳。工业上处理挥发性的有机气体使用燃烧法，会使有机气体处理更彻底，更有效率，甚至可以循环利用。燃烧法处理效果明显，而且十分方便，有着良好的前景。但并不是所有的有机气体都适合选用燃烧法，如果有机气体中含有硫、氮等元素时，燃烧后就会产生一氧化氮、二氧化硫等有害气体，产生二次污染。在燃烧法中，对于一些不易燃烧的有机气体，可以向高温的燃烧室内加入催化剂促使其燃烧。

（二）物理、化学及生物净化

目前我国对有机气体的净化主要包括物理净化、化学净化及生物净化等。

物理净化通常是指物理吸附。其原理是利用多孔固体吸附剂吸附有机气体，在分子引力和化学键的作用下，将排出的有机气体吸附到吸附剂中，以达到净化目的。一般情况下，吸附过程可逆，因此需要在被吸附的有机气体达到饱和后用水蒸气脱附，达到循环使用吸附剂的效果。通常吸附剂的表面积越大吸附效果越好。物理净化容易受到吸附剂性质和有机气体性质、类型及浓度等的影响。

化学净化就是通过化学反应包括氧化和还原、化合和分解、吸附、凝聚、交换、络合等对有机气体进行净化。影响化学净化的因素很多，如温度、酸碱度、有机气体本身的形态、有机气体的化学性质组成等。含有金属离子的有机气体中，在酸性条件下有利于离子迁移，在碱性条件下会形成沉淀从而减少有害的金属离子。此外，在大自然中有机气体还会通过自然界本身的化学反应进行自净。

生物净化是生物圈的代谢作用，也就是通过同化作用和异化作用使有机气体中的污染物减少，浓度降低，毒性减弱，直到污染物消失为止。其中微生物降解有机气体中的污染物时，应控制微生物的生存条件，如环境温度、湿度和氧气含量等因素。有机气体在通过含有微生物的填料的过程中，应保证微生物长时间存活且微生物要足够多才能将气体彻底净化。

生物净化还有以下方法。

（1）生物洗涤法　生物洗涤法主要是依靠生物洗涤塔来完成的。生物洗涤塔的组成包括洗涤塔和再生池。当有机气体中含有像乙醇、乙醚等溶解性较好的气体时可使用此方法。有机气体进入生物洗涤塔并通入氧气，溶进洗涤循环液进入再生池，被池中活性污泥降解净化，净化后的气体从塔顶排出。

（2）生物过滤法　有机气体先进入增湿塔，然后进入过滤塔流向生物活性填料层被氧化分解。生物滤料的吸附性能好，而且表面积大，操作方便。需要注意的是，此方法是靠微生物来降解有机气体，需要保证填料中微生物的生长环境和生存状况。

（三）光催化氧化法

选择适当的光催化剂，如金属氧化物或金属硫化物，通过光化学反应将有机气体转化为简单的氧和二氧化碳。光催化氧化在一定程度上可以将有机气体彻底分解，但在一定情况下会产生二次污染和副产物。因此，光催化氧化还没有推广使用。

二、无机气体的修复治理

无机气体总的来说是不含碳的气体以及碳的氧化物气体，如 CO、H_2、H_2S、PH_3、N_2H_4 等。可分为可燃和不可燃气体。

易燃的无机气体在燃烧时会与氧气发生氧化还原反应，将污染较大的物质转化为污染较小或无污染的物质。比如，氧气和二氧化硫反应时，就会产生污染较小的三氧化硫，将其排放到吸收塔进一步转化为硫酸，这就减少了无机气体的污染。此类方法也有缺点，有些无机气体复杂程度较高，含有大量重金属粉末和重金属物质，因此无法完全燃烧，也就无法完全转化为无害物质。且这类无机气体燃烧对设备的要求较高，维护费用也比较高。

三、人为修复治理

大气是流动的，气体污染物会随着大气的流动而逐渐扩散，随着气体污染不断扩散，就会逐渐对周边城市或者乡镇造成污染，所以单一的处理一个城市的大气污染是无法解决根本问题的。因此，人们在进行本地城区大气环境保护时，要打破区域边界的限制共同治理，共同制定实施治理大气污染的章程，统筹安排相互协调，共同优化资源配置，对违反法律法规的企业加大监管和打击力度控制其有害气体的排放，达到有效防止和治理的目的。

我国是燃煤大国，要对煤炭的清洗提高力度，这样才可以有效地控制高硫和高灰煤炭，在煤炭燃烧时有效降低二氧化硫类气体的排出。具体实施方法有三个：其一，将传统的加工方法改为洗煤的方式，将煤炭中的二氧化硫降到最低；其二，对于燃煤企业排放和送煤企业有明确的要求规定，如其煤中二氧化硫含量超标，则要求其停产并处罚；其三，煤炭开发后加工留下的硫铁矿，禁止被再利用燃烧发电。

我们应建立更加完善的能源消费制度，综合开发天然气以及其他清洁能源，减少对煤炭的依赖，尽量减少煤炭的使用。此外，对消费者的消费心理也要积极引导，在新能源及天然气的使用上应给与较大的优惠政策。私家车越来越多，提高石油的品质也是必要的，减少石油中的含铅量，大力发展无铅油，同时对于新能源汽车的制造和发展也要加大力度。

第三节 大气污染修复技术及其应用

一、大气污染的修复技术

（一）大气污染的物理修复技术

物理修复技术是最传统的修复方法，物理修复过程主要是利用污染物与环境之间物理性质不同，达到将污染物从环境中分离、去除的目的。物理修复应用范围很广，优点很多，如高效、修复时间短、操作简单、对周围环境干扰小等。但近年来迅速发展的物理修复技术也暴露出不少的缺点，如修复效果不尽人意、所需费用较高、人力物力消耗较多、可能引起二次污染等。目前应用于大气污染修复的物理技术主要有物理吸附和物理分离修复等。

1. 物理吸附技术

物理吸附也称范德华吸附，是由吸附质和吸附剂分子间作用力引起的，此力也称作范德华力。吸附剂表面的分子由于作用力没有平衡而保留有自由的力场来吸引吸附质。由于物理吸附是分子间的吸力所引起的吸附，所以结合力较弱，吸附热较小，吸附和解吸速度都较快，被吸附物质也较容易解吸出来，所以物理吸附是可逆的。多孔性固体物质具有选择性吸附废气中的一种或多种有害组分的特点。如活性炭对许多气体的吸附，被吸附的气体很容易解吸出来而不发生性质上的变化。物理吸附技术用于大气污染修复可分为以下几种。

（1）变压吸附法 变压吸附分离技术（pressure swing adsorption，PSA）是一种环保、高效且节能的气体吸附分离技术。变压吸附分离法是根据吸附剂在不同的压力下对于气体中不同组分具有不同吸附能力这一原理，混合气体由不同的气体组分构成，各种固体吸附剂选择性地吸附气体中的特定组分，然后经过一系列分离净化得到单一气体组分。在变压吸附分离法中，高分压会促进整个过程，而低分压会抑制整个过程。吸附剂可重复使用，使用寿命长达十年以上，因此变压吸附分离法可节省资源。

（2）变温吸附法　变温吸附法（temperature swing adsorption，TSA）也称变温变压吸附法（PTSA），与变压吸附法相类似，如图 5-1 是根据待分离组分在不同温度下的吸附容量差异实现分离。由于采用温度涨落的循环操作，低温下被吸附的强吸附组分在高温下得以脱附，吸附剂得以再生，冷却后可再次于低温下吸附强吸附组分。通常采用活性炭、硅胶、氧化铝等常规吸附剂作为吸附分离技术的吸附剂，也可在吸附剂上附载不同贵金属作为专用吸附剂，或者是开发不同孔径、不同微孔容积的专用吸附剂。

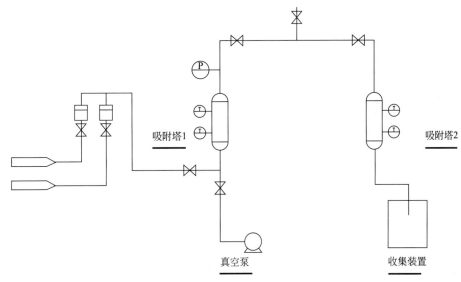

图 5-1　变温吸附法流程图

变温吸附分离气体组分的技术发展快、应用范围广，分离出的气体组分的纯度高且可调节，如使用变温吸附分离法分离气体组分中的氢，纯度可达 99.99％。对于组分多的气体的分离简单，且对杂质如水、硫化物、氨、烃类等有较强的承受能力。变温吸附分离的装置自动化程度高，操作便捷，易于调节。

2. 物理分离修复技术

物理分离修复技术是一项借助物理手段将污染物分离开来的技术，工艺简单，费用低。通常情况下，物理分离技术被作为初步的分选手段，以减少待处理被污染物的体积，以优化后续的修复技术工作。在大气污染的修复过程中，此方法主要用在颗粒物污染的处理上。大多数环境污染的物理分离修复技术不同的操作方法主要根据介质及污染物间的物理特征来决定：依据粒径大小，采用过滤或微过滤的方法进行分离；依据分布、密度大小，采用沉淀或离心分离；依据磁性有无或大小，采用磁分离的手段。

（1）粒径分离　根据颗粒污染物的直径分离，叫筛分或过滤，它是将气体通过定好尺寸的筛子的方法。粒径大于筛子网格的颗粒留在筛子上，粒径小的颗粒通过筛子。由于这个分离过程不是绝对的，有时候粒径大的也会通过筛子，在实际运行的时候要调整筛子的角度。如果大粒径的颗粒物在筛子上长时间累积的话，可能会造成筛子的堵塞，因此在实际操作时是让筛子处于运动状态。

（2）密度分离　基于物质密度，可采用重力富集的方式来分离大气中的颗粒物。在重力和其他一种或多种与重力方向相反的作用力的同时作用下，密度不同的颗粒物的运动状态也有所不同，进而把密度大小各异的颗粒物分离出来，使大气污染得到一定的修复。

（3）磁分离　磁分离是根据各种颗粒物磁性不同，将各种有磁性的金属颗粒物从不具有磁性的大气中分离出来的技术。磁分离技术的设备往往是让移动的含有污染物的大气不断地通过强磁场，最终达到分离的目的。

（二）大气污染的化学修复技术

化学修复技术主要是通过添加化学药剂清除污染物和降低其浓度。针对污染物质的特点，选用合适的化学药剂和合适的方法，利用化学药剂的物理化学性质对污染物的吸附、吸收、迁移、淋溶、挥发、扩散和降解作用，改变污染物在环境中的残留累积，清除污染物或降低污染物的浓度至安全标准的范围，且所实施的化学药剂不对环境系统造成二次污染。相对于其他污染修复技术，化学修复是一种传统的修复技术方法，由于新材料、新试剂的发展，也是一种仍在不断发展的修复技术。目前应用在大气污染修复方面的化学修复技术主要有化学吸附法修复技术和化学固定修复技术。

1. 化学吸附法修复技术

用溶液、溶剂或清水吸收工业废气中的有害气体，使之与废气分离的方法叫化学吸附法。溶液、溶剂、清水称为吸附剂，不同的吸附剂可以吸附不同的有害气体。吸附法使用的吸附设备叫吸附器、净化器或洗涤器。吸附法的优点是几乎可以处理各种有害气体，并可回收有价值的产品。缺点是工艺比较复杂，吸附效率有时不高，吸附液需要再次处理，否则会造成废水污染。

① 水吸附法：水吸附法就是用水作吸附剂来洗涤含氟废气，得到副产物氟硅酸，进而生产氟硅酸钠，回收氟资源。

② 碱吸附法：碱吸附法是采用碱性物质如 $NaOH$、Na_2CO_3、氨水等作为吸附剂来脱除含氟废气中的氟等有害物质并得到副产物冰晶石，最常用的碱性物质是 Na_2CO_3，也可以采用石灰乳作吸附剂。

③ 络合吸附法：络合吸附不但具有良好的可逆性，还有高效选择性，更有良好的脱附性能。

因为络合吸附的作用力强且有较高的吸附选择性，所以可以通过降压或升温的方式来实现。使用过渡金属进行的络合分离主要采用三种形式，溶液、固体和液膜，对应的分离工艺是吸收、吸附和膜分离。络合吸附适合纯度高且有特殊结构的气体，如烷烃、烯烃等。

2. 化学固定修复技术

化学固定修复大气污染物的目的是通过添加外源物质减少和降低污染物在环境中的生物有效性和可迁移性，最终使其毒性降到最低。目前化学固定修复技术用于修复大气污染的主要机理包括以下两种。

（1）配合作用机理　根据表面配合模式，重金属离子在颗粒表面的吸附作用是一种表面的配合反应，反应趋势随溶液的 pH 值或主基团浓度的增加而增加，因此表面配合反应主要受到酸碱度的影响。

（2）共沉淀机理　共沉淀，即一种沉淀从溶液中析出时，引起某些可溶性物质一起沉淀的现象。固化剂可以通过自身溶解作用产生阴离子与大气中的污染物质产生共沉淀作用而达到修复大气的作用。

（三）大气污染的生物修复技术

广义的生物修复是指利用动物、植物、微生物等的代谢过程降解或富集有机污染物，降低其毒性，改变重金属的活性或在土壤中的结合态，通过改变污染物的物理或化学性质而改变它们在环境中的迁移、转化、降解速率，控制其浓度在安全浓度范围之内。

生物修复技术处理污染大气的方法包括下面两个。

1. 生物过滤法

生物过滤法是把活性填料填在生物滤池内，把经加压预湿后的废气从底端注入生物滤池，气体中的污染物与填料上附着生成的生物膜（微生物）接触，被生物膜吸收，最终被降解为水和二氧化碳或其他无污染成分，处理过的气体从生物滤池的顶部排出。

2. 生物洗涤法

可溶性有机气体的治理用生物洗涤法比较适合，气体污染物洗涤吸收主要在洗涤塔中发生，而有活性污泥存在的再生池中主要发生降解污染物的过程。

生物洗涤法分为废气吸收和悬浮液再生两个阶段，通常由装有填料的洗涤器、吸收设备和一个装有活性污泥或生物膜的生物反应器（再生反应器）构成。废气从吸收设备底部进入，向上流动，在填料床中与顶部喷淋向下的生物悬浮液相互接触，经传质过程进入液相，再进入微生物细胞内或经微生物分泌的胞外酶作用分解，净化后的气体从吸收设备顶部排出。吸收了废气的生物悬浮液进入再生反应池的底部，通入空气，废气被微生物氧化利用的过程也就是悬浮液的再生过程，再生后的悬浮液再进入吸收设备进行顶部喷淋，吸收与再生两个过程反复进行。

（四）大气污染的综合修复技术

物理修复技术很难控制修复结果，而且十分耗费财力、物力、人力，还会引起二次污染。化学修复技术很难确保使用的化学药剂不对生态环境产生其他的影响。对比以上两者来说，虽然生物修复技术有很多的优势，但是生物修复技术的限制条件比较多，需要遵守的原则也很多。因此，近年来基于以上原因，探索出新的综合修复技术。

1. 物理生物综合修复技术

在使用生物法时，尤其是用微生物处理时经常会影响微生物的正常生命活动，导致处理污染气体效果不佳，由于很多废气里含有重金属，为了保证效果，用物理法先处理这些重金属，再用生物修复技术去处理其他污染物，这样就会提高难修复废气的修复效率，由此出现了生物洗涤物理吸附的方法。

借助生物法生产出的洗涤的反应器，将表面活性剂作为介质，对清洗对象进行清洗，并且完成生物降解的过程就叫生物洗涤。

物理吸附指的是溶解的气体与溶剂或溶剂中的各组分均不发生任何化学反应的吸附过程。此时，溶解的气体所产生的平衡蒸气压与溶质和溶剂的本身性质、反应体系的温度、压力和浓度均有关。

2. 化学生物综合修复技术

目前生物修复技术在大气污染环境中应用非常多，但由于很多污染的气体具有很强的化学性质，如氧化性和酸碱性，而生物修复技术对于污染物质的要求非常严格，例如微生物修复技术中微生物只能在自己适合的酸碱性和氧化性条件下才可以工作。于是研究人员就想到把化学修复技术和生物修复技术综合应用去修复污染的大气。

生物洗涤法是一种用于处理废气的生物方法，此技术由于处理废气时费用低，操作相对简单，曾在处理气态大气污染物方面应用颇多，但是由于现在污染废气多元化，在实际应用时很多污染物很难应用生物洗涤法去除。新式生物洗涤法是在生物洗涤的基础上又添加了新的化学处理装置，使得一些难以应用生物洗涤法处理的废气可以得到彻底的清除。

3. 物理化学综合修复技术

由于固体表面存在不均匀力场，表面上的原子往往还有剩余的成键能力，当气体分子碰撞到固体表面上时便与表面原子间发生电子的交换、转移或共有，形成吸附化学键的吸附作用。

物理吸收时会产生近于冷凝热的溶解热，以水吸收 CO_2、SO_2 及甲醛蒸气，用重油吸收烃类蒸气，均属物理吸收。通常选用类似活性炭这种多孔性固体物质作为吸收的物质，因其疏松多孔的结构特点，可以有效地吸附飘浮在大气中的粉尘与有害气体，如二氧化硫、二氧化氮等气体，清洁空气。

二、大气污染修复技术的应用

（一）生物修复技术的应用

1. 植物修复技术的应用

植物可以吸收、净化空气中的污染物，植物修复技术是一种纯天然净化大气的技术，是以太阳能为动力，利用植物的同化功能进行净化。植物修复技术包括直接修复和间接修复。直接修复是植物通过叶片气孔及茎叶表面对污染物的吸收与同化，而间接修复是指植物通过根系或根际微生物的协同作用来改善大气环境。

植物修复目前存在的问题，如表 5-2 所示。

表 5-2　植物修复存在的问题

修复技术	存在的问题
植物吸附和吸收修复	植物如何从空气中吸收重金属的机理性认识还很有限
	如何防止植物内的重金属和其他有毒有害污染物进入食物链
植物降解修复	在植物转基因工程方面还需要做很多基础性研究工作
	如何使污染物不在果实和种子中富集
植物转化修复	防止植物增毒作用的发生
植物同化和超同化修复	在超同化植物的培养中，发生基因漂移，出现杂草化
	转基因植物对生物多样性和生态环境有影响

大气污染的植物修复机理：植物修复的主要过程是保留和去除。保留涉及植物截获、吸附、滞留等，去除涉及植物吸收、转化、同化、降解等。

（1）粉尘污染的植物修复　粉尘是主要的大气污染物之一，指的是直径大小不一的颗粒物，如煤炭、秸秆等燃烧后所产生的烟。近年来研究发现，植物可以"抓住"粉尘，而且大气中的粉尘会被植物过滤和吸附，在低空中飘浮的粉尘被称为滞尘，滞尘量的影响因素有很多：植物种类、叶片的大小等。滞尘方式有三种：停着、附着和黏着。叶片光滑的植物多为停着的吸尘方式；叶面粗糙的植物多为附着的吸尘方式；叶或枝干分泌树脂、黏液等的植物吸尘方式为黏着。研究发现，不同的植物对滞尘的吸附效果是不同的，植物叶片大、表面粗糙的对滞尘颗粒的吸收效果好，如表 5-3 所示：

表 5-3　各种树木叶片的滞尘量

树种	滞尘量/(g/m^2)	树种	滞尘量/(g/m^2)	树种	滞尘量/(g/m^2)
刺楸	14.53	苋子	5.89	泡桐	3.53
榆树	12.27	臭椿	5.88	五角枫	3.45
朴树	9.37	枸树	5.87	乌桕	3.39
木槿	8.13	三角枫	5.52	樱花	2.73
广玉兰	7.1	夹竹桃	5.39	腊梅	2.42
重阳木	6.81	桑树	5.28	加拿大白杨	2.06
女贞	6.63	丝绵木	4.77	黄金树	2.05
大叶黄杨	6.63	紫薇	4.42	桂花	2.03
刺槐	6.37	悬铃木	3.73	栀子	1.47

（2）生物性大气污染的植物修复　空气中存在大量微生物，例如芽孢杆菌类、放线菌、酵母菌等，同时也存在引发疾病的微生物。它们可以藏匿于气流之中或者附着在尘埃上进行扩散，这一类污染物叫作生物性大气污染物。利用植物的滞尘特性，可以使这些污染物留在植物上，减少它们的传播。同时，部分植物分泌的物质存在杀菌性，会消灭大量的细菌。根据调查，城市内部细菌数量比外部多，因此，城区种植大量的植物可以很好地改善生物性大气污染的现状。

（3）化学性大气污染的植物修复　化学性大气污染是指空气中存在的二氧化硫、一氧化碳、光化学烟雾等有毒有害的气体和液体。植物通过吸收、降解、同化等方式达到修复，或者是通过光合作用来吸收、吸附或是净化。利用叶片上的气孔进行呼吸作用，对有毒物质进行吸附和处理。前提是这些气体污染物不会刺激植物。经实验验证，亲脂性的污染物更易被植物吸收。在特定的湿度环境下，植物对化学性污染物的吸收、吸附更有效。植物吸收气体污染物后，根据自身特性使污染物由一种形态转化为其他形态，并且以产物的形式重新回归大气。如，利用植物将空气中的一氧化氮转化为无害的生物氮或者二氧化氮，但转化后的产物可能是无毒无害的物质，也可能是毒素更高的物质，所以我们应采取相应措施，尽量降低这种情况出现的概率。

植物可由自身物质通过代谢进行污染物降解的原因是，植物中存在一些特殊的基因和酶能够将代谢物质留在体内并分解。研究发现，主要的酶有 N-丙二酸单酰转移酶以及 O-糖基转移酶等，可直接降解有机污染物的酶包括腈水解酶以及脱卤酶等。还有研究指出，细胞色素与植物的生物降解性存在相关性。臭氧在经过植物吸收后，就会产生活性氧，同时依靠植物体内的各种酶，例如过氧化氢酶以及超氧化物歧化酶等，搭配个别非酶的抗氧化剂就可以对相应物质进行转化清除。一般情况，植物无法完全降解污染物质，但可以通过转化来实现。

2. 微生物修复技术的应用

（1）含硫化氢气体的净化　目前，工业上 H_2S 气体的净化方法主要是物化法，某些方法虽然治理效果较好，但要求高温、高压条件，需要大量催化剂和其他化学药品，严重腐蚀设备，产生二次污染等。用生物法处理含 H_2S 废气主要在生物膜过滤器中进行。在德国和荷兰已有用生物膜过滤器处理含 H_2S 废气的大规模工业应用，H_2S 的控制效率达 90％以上。新西兰、英国、日本和美国也有工业规模的应用报道。日本研究者将活性污泥脱水，在常温（20～60℃）的条件下干燥，在水中浸渍膨润后得到固定化污泥。这种固定化污泥可以保持各种微生物的生理活性，利用此固定化污泥去除恶臭可以提高恶臭的去除率，降低成本。

（2）二氧化碳的微生物固定　CO_2 是有机质及化石燃料燃烧的产物，它一方面是造成温室效应的废物，另一方面又是巨大的可再生资源。因此，二氧化碳的固定在环境、能源方面具有极其重要的意义。目前，CO_2 的固定方法主要有物理法、化学法和生物法，而大多数物理法、化学法必须依赖生物法来固定 CO_2，而微生物由于能够生存于各种特殊环境中而更显优势。另外，自养微生物在固定 CO_2 的同时，可以将其转化为菌体细胞成分以及许多代谢产物，如有机酸、多糖、甲烷、维生素、氨基酸等。

（二）综合修复技术的应用

1. 化学生物修复技术的应用——新式生物洗涤法

日本一铸造厂采用此法处理含胺、酚和乙醛等污染物的气体，设备是由调节池、吸收塔、生物反应器及辅助装置组成。首先废气通过调节池，废气中的粉尘和碱性污染物被弱酸性化学吸收剂去除；然后污染气体进入生物反应器，气体与微生物悬浮液接触，吸收器配一个生物反应器，用压缩空气向反应器供氧，当反应器效率下降时，则由营养物储槽向反应器内添加特殊营养物，装置运行 10 多年来一直保持较高的去除率（95％左右）。

2. 物理化学修复技术的应用

某无缝钢管厂分厂利用石墨、碱液吸收法治理酸洗槽烟雾。该厂是国内最大的冷轧无缝管生产厂，酸洗车间的作业范围包括酸洗、中和、磷化、热水洗，上述作业过程中产生的气体污染主要来自酸洗槽。酸洗车间的废气净化是在解决该车间通风系统的前提下进行的通风系统，由机械通风和自然通风系统组成。厂房采用塔楼形式，屋顶通常有天窗，两侧墙实际为大面积可开启玻璃窗，以改善车间自然通风条件，厂房建筑及设备均涂聚氯乙烯耐酸漆。机械通风系统主要排出各个槽产生的雾气。车间内设有石墨过滤槽 4 个、硝酸槽 2 个、磷酸槽 2 个、硫酸槽 6 个、盐酸槽 2 个、氢氟酸槽 3 个、磷酸母液槽 2 个，通风系统抽出的气体，除磷酸及磷酸母液槽未设净化装置外，其余各酸槽均设酸雾净化装置。废气净化在酸雾净化器中进行，采用先石墨吸附过滤，后碳酸钠溶液循环喷淋吸收，溶液 pH 值控制在 9 以上。

第四节　大气污染修复经典案例

一、我国大气污染修复案例

（一）兰州治理大气污染——建 2 至 3 个生态景观示范园

2013 年兰州市政府新闻发布会通报了 2012 年兰州市治理大气污染及 2013 年 1 月的空气质量情况，提出了当年采取的"六项措施"，争取合理治理大气污染。

2012 年全年，兰州市城区环境空气质量优良天数达到 270 天，比 2011 年同比增加 28 天。特别是 2012 年 12 月份，在气象条件极为不利的情况下，通过强力管控，优良天气达到 24 天，较上一年同期增加了 16 天。纵向来看，城区环境空气质量优良天数明显增多的同时，污染程度显著减轻，未出现轻度以上的恶劣污染天气，平均污染指数降至历史最低水平。

2013 年 1 月前半月，兰州市优良天数为 10 天，5 天为轻微污染，没有出现中度以上污染天气，平均污染指数为 100，空气质量整体情况较好，在 47 个环保重点中心城市中，11 日排名第 28 位、12 日排名第 27 位、13 日排名第 16 位、14 日排名第 21 位。

兰州市环保局局长表示：为从根本解决大气污染的问题，兰州市从六个方面采取相关措施，即立法、工业污染治理、燃煤污染治理、机动车尾气治理、扬尘污染治理、生态增容。

兰州市完善各种大气污染的法律法规，比国家标准更为严格。在工业大气污染治理的方面，对兰州的 52 家公司实行搬迁，更多的是对石化企业的搬迁。还有其他企业的除尘、脱硫、脱硝等方面的设备升级，设置在线监控重大污染的企业的设备升级，以及其他落后企业进行淘汰。

兰州市机动车的尾气污染在逐年增加，2013 年占大气污染总量的 17%。2013 年淘汰低标号燃油和黄标车，全市设置限行区，限行车辆不能通行。从总数上限制机动车增长，从而减少汽车尾气对大气的污染。

兰州市完成对燃煤锅炉的治理改造，取缔燃煤小锅炉，建立燃煤禁区，整合市场完善管制。

对于扬尘的防治，兰州市冬季在城区内的土方作业全面停止，且工地内禁止焚烧。渣土密闭运输制度和削山建地、道路旁拆迁等避免扬尘产生的措施也严格落实。还在城区空地实行绿化、生态建设等措施。高效进行道路的清扫作业，对各类垃圾要进行分类处理，避免造成扬尘大面积扩散。

2013 年，兰州市在生态增容减污方面加大力度，根据地形优势，启动 2 至 3 个生态景观主题的示范园建设，积极打造庭院园林式景观，继续实施城区六大出入口森林生态景观工程和黄河兰州段万亩生态湿地修复工程，有效改善城区生态环境。

（二）《北京市 2013—2017 年清洁空气行动计划》——治理大气污染

为进一步改善首都空气质量，按照《北京市清洁空气行动计划（2011—2015 年大气污染控制措施）》和《北京市 2012—2020 年大气污染治理措施》要求，北京市政府办公厅印发了《关于分解实施北京市 2013 年清洁空气行动计划任务的通知》（以下简称《2013 年行动计划》）。2013 年全市从八个方面实施 52 项大气污染治理措施，并将任务分解到了各区县政府、市有关部门和单位，明确了主要污染物年均浓度平均下降 2% 的年度目标。

这八个方面包括：

一是控制使用煤、重油和渣油等高污染燃料的项目，符合"以新代老，总量减少"原则，禁止启动高污染定位的项目。

二是对煤以及锅炉的清洁改造，实现城区基本无煤化以及偏远郊区的供热厂释放的烟气脱硝治理。

三是实行绿色交通。减少机动车的出行，增加天然气公交车或汽车，淘汰高排放的旧机动车，加强交通上的监管。

四是控制扬尘的扩散。颁布实施施工管理办法等，加强对渣土运输的管制与检查，加强对垃圾运输车的标准管理。

五是工业上的治理。继续淘汰高污染企业，实施煤、水泥等物料的密闭运输，增加对水泥厂烟气脱硝的治理，减少挥发性有机气体的排放。

六是增加平原及空地的造林绿化，推进河流的综合治理以至于增加城市环境容量。

七是增大执法的力度。对于汽车制造、修理、印刷等行业的管理执法力度增大。提高对高排污的企业执法力度。加强对露天燃烧秸秆、落叶、塑料等行为的监管。

八是加强保障制度。对空气质量的检测和信息发布做到用心面对。完善大气污染防治法律法规，加强总量控制和排污许可的管理制度。增加对使用清洁能源用户的补贴。充分利用媒体条件宣传和营造大气污染治理人人有责的良好风气，共同改善大气质量。

2013 行动计划特点：

一是综合治理。对于雾霾中 PM$_{2.5}$ 等污染物以及燃煤、机动车等方面实施综合治理、高效减排。既治理一次污染物同时对二次污染物、挥发性污染物等也要加强治理。

二是标本兼治。主要是采取源头治理，其次考虑中间或末端的治理，注重能源优化结构、调整产业结构、构建绿色通行。转变生产和生活方式，从根本上减少大气污染排放。

三是多措并举。控制城市污染增加量，提高生态建设，增加环境容量。同时，完善法制管理，落实到根本。

大气污染治理是一个漫长的过程，涉及生产、生活等方方面面。烹饪、出行、装饰等都会产生大气污染。这需要我们每一个人都要贡献出自己的力量。

（三） 生态环境部印发《京津冀及周边地区、汾渭平原 2020—2021 年秋冬季大气污染综合治理攻坚行动方案》

随着全国环境空气质量持续改善，人民群众蓝天获得感、幸福感明显提高，尤其是 2017 年以来，针对重点区域秋冬季重污染天气多发、频发的情况，连续三年开展秋冬季大气污染综合治理攻坚行动，成效明显。2019 年秋冬季京津冀及周边地区细颗粒物（PM$_{2.5}$）平均浓度较 2016 年同期下降 33％，重污染天数下降 52％。尽管秋冬季攻坚取得积极成效，但京津冀及周边地区、汾渭平原仍是全国 PM$_{2.5}$ 浓度最高的区域，秋冬季 PM$_{2.5}$ 平均浓度是其他季节的 2 倍左右，重污染天数占全年 95％以上。随着疫情防控形势持续向好、企业加快复工复产，许多因疫情受抑制的产能和产量短时间内集中快速增长，秋冬季污染物排放量可能出现反弹，大气环境质量持续改善压力增大，部分地区存在完不成"十三五"空气质量改善目标的风险。2020—2021 年秋冬季是第 4 个攻坚季，各地要持续开展秋冬季大气污染综合治理攻坚行动，确保如期完成打赢蓝天保卫战既定目标任务。

各地加强空气质量预测预报工作，按照预案启动重污染天气预警，采取应急减排措施。当预计未来较长时间段内，有可能连续多次出现重污染天气过程，将频繁启动橙色及以上预警时，各地可提前指导行政区域内生产工序不可中断或短时间内难以完全停产的行业，预先调整生产计划，确保在预警期间能够有效落实应急减排措施。

京津冀及周边地区大气污染防治领导小组办公室和汾渭平原大气污染防治协作小组办公室定期调度各地重点任务进展情况。秋冬季期间，生态环境部每月通报各地空气质量改善情况和降尘量监测结果；对每季度空气质量改善幅度达不到目标任务或重点任务进展缓慢或空气质量指数（AQI）持续"爆表"的城市，下发预警通知函；对未能完成终期空气质量改善目标任务或重点任务进展缓慢的城市，公开约谈政府主要负责人；发现篡改、伪造监测数据的，考核结果直接认定为不合格，并依法依纪追究责任。

（四）山西将大气污染防治确定为环保工作重点——PM₂.₅有望成为约束

2013年，山西省的环保工作重点放在大气污染治理上，由于山西省的$PM_{2.5}$浓度较高，山西省领导提出，提高城市空气质量，除了空气中化学需氧量、二氧化硫、氨氮、氮氧化物排放量要符合标准，还要达到自我标准，由此山西省自我增加了其他排放物指标，如烟尘和工业粉尘等。

为了缓解山西省的大气污染问题，全面进行节能减排。山西省高度重视环境安全，不让违法排放或不合格的公司投机取巧。并且对工业大气污染进行综合防治，大力管制机动车出行，控制扬尘的传播，对冬季供暖所排放的污染气体进行处理，淘汰落后产能，调整产业结构，大力推广清洁能源，重点治理$PM_{2.5}$的污染以及实时监测$PM_{2.5}$的浓度。

山西省将燃煤电厂烟气脱硝列为重点，对总量指标严格控制，达到标准，对重点行业和地区实行1∶1.5或1∶2的置换。在经济迅速发展的同时还要对环境进行监测，制定环保标准，抓好产业升级与环境保护的协调发展，提高环境监测和科技的发展水平。

二、大气污染修复的未来展望

（一）对大气污染物进行有效控制

加强对我国大气污染物排放的控制，要做到不单单是降低排放强度，而是要对排放的大气污染物的总量进行控制，确保其始终处于稳定减少的状态。目前我国还存在着一些不可控的污染源，例如私家车的数量不断上涨而且使用频率也越来越高，对此应该采取特定的手段合理抑制机动车的增长，并控制机动车所造成的污染。

（二）加强政府、企业和公众的协同效果

政府、企业和公众在传统的修复模式中处于不同地位，所以他们之间的大气污染数据互联有时会有一定困难，因此有导致资源的浪费的风险。现如今是大数据时代，应该实现万物相联，充分实现资源共享，通过三方的结合选择最合适的治理手段，寻求大气污染修复的最优手段。

（三）科学推动城市化，提高清洁能源的利用率

我们面临大气污染修复的重大挑战是：如何科学地去解决这一问题。首先，我们在推进城镇化的过程中，更要注意将产业结构和清洁能源进行结合，提高清洁能源的利用率。因为我国以煤炭为主的能源结构很难在短时间内发生根本性的转变，所以，当前应首先推广洗选煤、型煤的生产和利用，以确保可以降低烟尘和二氧化硫的排放量。其次，要对各个城市进行合理的规划，包括城市布局、人口的增长率等。

总而言之，大气污染的治理与修复并不是短时间就可以解决的问题，需要国家、政府、人民共同的长期努力，因此我们必须坚定信念，才能取得与大气污染物这场斗争的胜利。

参考文献

[1] 申莉.谈谈大气污染来源与影响及控制措施[J].民营科技，2009，6：99.
[2] 姜渊.《大气污染防治法》规制思路与手段的思辨与选择[J].浙江学刊，2019（5）：124-125.
[3] 陆克定，张远航.珠江三角洲夏季臭氧区域污染及其控制因素分析[J].中国科学（B辑），2010（40）：407-420.

［4］ 门慧苹，王爽，李欣，等.生物法净化挥发性有机气体的技术研究［J］.科技论坛，2016（16）：44.

［5］ 鱼惟铭.吸附法治理工业废气的探讨［J］.资源节约与环保，2013（6）：142.

［6］ 刘丽影，宫赫，王哲，等.捕集高湿烟气中 CO_2 的变压吸附技术.化学 进展，2018（6）：873.

［7］ 李晓明，梁睿渊，齐国栋，等.变温吸附法分离氯气氧气工艺技术研究［J］.广东化工，2014（1）：56.

［8］ 大气污染的综合修复技术［D］.呼和浩特：内蒙古工业大学.2006.6/2019.11.8-9.

［9］ Tang A H，Zhuang G S，Wang Y，et al. The chemistry of precipitation and itsrelation to aerosol in Beijing. Atmospheric Evironmenta，2005，39：3397-3406.

［10］ 廖恒易.络合吸附技术在气体纯化过程中的应用［J］.低温与特气.2016：42-44；

［11］ 温明振.工业挥发性有机气体减排和治理方式探讨［J］.低碳世界，2017（22）：12-13.

［12］ 靳东升，郜雅静，籍晟煜.植物-微生物联合修复技术在 Cd 污染土壤中的研究进展［J］.山西农业科学，2019，47（06）：1115-1120.

［13］ 郭观林，周启明，李秀颖.重金属污染土壤原位化学固定修复研究进展［J］.应用生态学报，2005，16（10）：1990-1996.

［14］ 李兵，孙晓丹，刘沙沙.关于城市大气污染的植物修复研究［J］.城建规划.2019-07-28.2019.7期.38-39.

［15］ 郭明，闫志顺，段金荣，等.土壤农药残留的化学修复探索［J］.农业环境科学学报，2003，22（3）：368-378.

［16］ 兰州治理大气污染将建 2 至 3 个生态景观示范园［N］.兰州晚报，2013.

［17］ 北京发布 2013 年清洁空气行动计划 治理大气污染［N］.中国广播网.2013.

［18］ 山西将大气污染防治确定为环保工作重点 $PM_{2.5}$ 有望成为约束［N］.山西省会议.2013.

［19］ 潘月云，陈多宏，叶斯琪，等.广东省大气污染典型案例特征及其影响因素分析［J］.安全与环境工程.2017，24（2）：58-62.

［20］ 郝吉明，李欢欢，沈海滨.中国大气污染防治进程与展望［J］.世界环境·热点关注，2014，000（1）：58-61.

第六章 环境污染修复工程设计

第一节 土壤污染修复工程设计

一、场地环境调查评估

场地环境调查评估包括第一阶段场地调查（污染识别）、第二阶段场地调查（现场采样）、风险评估三个阶段。

（一）第一阶段调查——污染识别

第一阶段的目的是识别可能存在的污染源和污染物，初步排查场地是否存在污染可能性，必要情况下需要首先进行应急清理。主要工作内容是通过资料收集与分析、现场踏勘、人员访谈等方式开展调查，初步分析场地环境污染状况。

1.场地污染识别方法

（1）资料收集与分析　资料的收集主要通过信息检索、部门走访、电话咨询等途径，广泛收集场地及周边区域的自然环境状况、环境污染历史、地质、水文地质等信息。内容依据为《建设用地土壤污染状况调查技术导则》（HJ 25.1—2019）。

（2）现场踏勘　现场踏勘的目的是通过对场地及其周边环境设施的现场调查，观察场地污染痕迹，核实资料收集的准确性，获取与场地污染有关的线索。现场踏勘的范围、内容、方法执行《建设用地土壤污染状况调查技术导则》（HJ 25.1—2019）。现场踏勘的重点是发现场地可疑污染源、污染痕迹、涉及危险物质的场所、构筑物情况、周边相邻区域等。

（3）人员访谈　对场地知情人员采取咨询、发放调查表等形式进行访谈，包括场地管理机构和地方政府人员、环境保护主管部门人员、场地过去和现在各阶段的使用者、相邻场地的工作人员和居民等。访谈内容、对象、方法、内容整理及分析依据《建设用地土壤污染状况调查技术导则》（HJ 25.1—2019）。

2.分析判断

污染识别阶段分析判断的目的是确定是否可能污染。若判断结果为可能污染，应进一步建立场地初步概念模型。场地概念模型是综合描述场地污染源释放的污染物通过土壤、水、空气等环境介质进入人体，并对场地周边及场地未来居住、工作人群的健康产生影响的关系模型，应包括场地应关注的污染物种类、场地潜在污染区域、水文地质条件分析、污染物特征及其在环境介质中的迁移分析、受体分析、暴露途径分析、危害识别等内容。

（二）第二阶段调查——现场采样

本阶段的工作以采样分析为主，确定场地的污染物种类、污染分布及污染程度。主要工作内容为初步采样、场地风险筛选、详细采样和第二阶段报告编制。

1. 初步采样

（1）初步采样的内容及实施方案　初步采样内容包括：核查已有信息、判断潜在污染情况、制定采样方案（包括采样目的、采样布点、采样方法、样品保存与流转、样品分析等）、确定质量标准与质量控制程序、制定场地调查安全与健康计划等。一般工业场地可选择的检测项目有：重金属、挥发性有机物（VOCs）、半挥发性有机物（SVOCs）、氰化物、石棉和其他有毒有害物质。如遇土壤和地下水明显异常而常规检测项目无法识别时，可采用生物毒性测试方法进行筛选判断；如遇有明显异臭或刺激性气味，而项目无法检测时，应考虑通过恶臭指标等进行筛选判断。场地环境调查涉及地表水和残余废弃物监测，按照《建设用地土壤污染风险管控和修复监测技术导则》（HJ 25.2—2019）执行。

初步采样时一般不进行大面积和高密度的采样，只是对疑似污染的地块进行少量布点与采样分析。采用判断布点方法，在场地污染识别的基础上选择潜在污染区域进行布点。

对于污染源较为分散的场地和地貌严重破坏的场地，以及无法确定场地历史生产活动和各类污染装置位置时，可采用系统布点法（也称网格布点法）。布点数量可参考《建设用地土壤污染状况调查与风险评估技术导则》（DB11/T 656—2019）中的相关推荐数目。

无法在疑似污染地块，特别是罐槽、污染设施等底部采样时，则应尽可能接近疑似污染地块且在污染物迁移的下游方向布置采样点。采样点和可能污染点相差距离较大时，应在设施拆除后，在设施底部补充采样。监测点位的数量与采样深度应根据场地面积、污染类型及不同使用功能区域等确定。

（2）现场采样　采样前需要制定采样计划表，准备各种记录表单、必需的监控器材、足够的取样器材并进行消毒或预先清洗。根据采样计划，对采样点进行现场定位测量（高程、坐标）。可采用地物法和仪器测量法，可选择的仪器主要有经纬仪、水准仪、全站仪和高精度的全球定位仪。定位测量完成后，可用钉桩、旗帜等器材标识采样点。在采样点采集土壤样品，同时采集现场质量控制样品，并将样品装入规定的容器内密封保存，准确无误地填写采样送检单，送实验室进行检验。

（3）样品分析　土壤的常规理化特征，如土壤pH、粒径分布、容重、孔隙度、有机质含量、渗透系数、阳离子交换量等的分析测试应按照《岩土工程勘察规范》（GB 50021）执行。土壤样品关注污染物的分析测试应按照《土壤环境质量　农用地土壤污染风险管控标准》（GB 15618）和《土壤环境监测技术规范》（HJ/T 166）中的指定方法执行。污染土壤的危险废物特征鉴别分析，应按照《危险废物鉴别标准　通则》（GB 5085.7）和《危险废物鉴别技术规范》（HJ/T 298）中的指定方法执行。

（4）检测结果分析　实验室检测结果和数据质量进行分析主要包括以下几个方面。①分析数据是否满足相应的实验室质量保证要求。②通过采样过程中了解的地下水埋深和流向、土壤特性和土壤厚度等情况，分析数据的代表性。③分析数据的有效性和充分性，确定是否需要进行补充采样。④根据场地内土壤和地下水样品检测结果，分析场地污染物种类、浓度水平和空间分布。

2. 场地风险筛选

通过将污染初步采样结果与国家和地方等相关标准以及清洁对照点浓度比较，排查场地是否存在风险。若污染物筛选值低于当地背景值，采用背景值作为筛选值。

一般在确定了开发场地土地利用功能的情况下，若污染物检测值低于相关标准或场地污染筛选值，并且经过不确定性分析表明场地未受污染或健康风险较低，可结束场地调查工作。若检测值超过相关标准或场地污染筛选值，则认为场地存在潜在人体健康风险，应开展详细采样，并进行第三阶段风险评估。

3. 详细采样

采样点计划要求同初步采样。污染场地土壤采样常用的点位布设方法包括判断布点法、随机布点法、分区布点法及系统布点法等，其适用条件见表 6-1。地下水监测点点位按《建设用地土壤污染风险管控和修复监测技术导则》（HJ 25.2—2019）布设。当场地地质条件比较复杂时，应设置组井（丛式监测井）。

表 6-1 常见的布点方法及适用条件

布点方法	试用条件
判断布点法	适用于潜在污染明确的场地
随机布点法	适用于污染分布均匀的场地
分区布点法	适用于污染分布不均匀，并获得污染分布情况的场地
系统布点法	适用于各类场地情况，特别是污染分布不明确或污染分布范围大的情况，可以获得污染分布，但其精度受到网格间距大小影响

除了进行土壤采样之外，还需要进行物理样的采集与土工试验。物理样的采集与土工试验是在详细采样阶段为风险评估提供数据支撑，以模拟污染物在环境介质中的迁移过程。主要包括以下参数的测试获取：土壤粒径分布、土壤容重、含水量、天然密度、饱和度、孔隙比、孔隙率、塑限、塑性指数、液性指数、实验室垂直渗透系数和水平渗透系数以及粒径分布曲线等物理参数。具体参数根据风险评估需要确定。

（三）第三阶段调查——风险评估

场地健康风险评估是在分析污染场地土壤和地下水中污染物通过不同暴露途径进入人体的基础上，定量估算致癌污染物对人体健康产生危害的概率，或非致癌污染物的危害水平与程度（危害熵）。主要内容为危害识别、暴露评估、毒性评估和风险表征，工作程序见图6-1。

1. 危害识别

场地危害识别的工作内容包括以下几方面。①确定场地主要污染源、污染物浓度及其向环境释放的方式。②根据污染场地未来用地规划，分析和确定未来受污染场地影响的人群。③根据污染物及环境介质的特性，分析污染物在环境介质中的迁移和转化。④根据未来人群的活动规律和污染在环境介质中的迁移规律，分析和确定未来人群接触或摄入污染物的方式，确定暴露方式。⑤在污染源、污染物在环境中的迁移转化、暴露方式和受体分析的基础上，分析和建立暴露途径。⑥综合各种暴露途径，建立场地污染概念模型。场地概念模型须在随后的暴露评估和风险评估中进一步完善和修订。在场地风险评估中，如果污染源和受体之间未形成完整的"源-迁移途径-受体"暴露风险链条，则认为不存在风险，风险评估将停止进行。

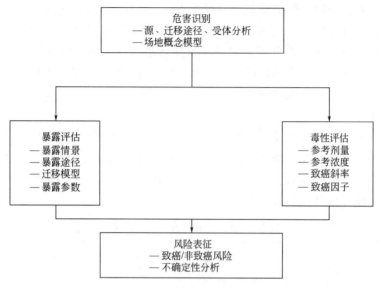

图 6-1　污染场地风险评估工作程序

2. 暴露评估

暴露评估是在危害识别的基础上，分析场地土壤和地下水中关注的污染物进入并危害敏感受体的情景，确定场地土壤和地下水中的污染物对敏感人群的暴露途径，确定污染物在环境介质中的迁移模型和敏感人群的暴露模型，确定与场地污染状况、土壤性质、地下水特征、敏感人群和关注污染物性质等相关的模型参数值，计算敏感人群摄入来自土壤和地下水的污染物所对应的暴露量。暴露评估的主要工作内容包括分析暴露情景、识别暴露途径、选择迁移模型和确定暴露参数。

3. 确定场地风险控制值和初步修复范围

（1）确定风险可接受水平　风险可接受水平是指一定条件下人们可以接受的健康风险水平。致癌风险水平以场地土壤、地下水中污染物可能引起的癌症发生概率来衡量，非致癌危害熵以场地土壤和地下水中污染物浓度超过污染容许接受浓度的倍数来衡量。通常情况下，将单一污染物的致癌风险可接受水平设定为 10^{-6}、非致癌危害熵可接受水平设定为 1。风险可接受水平直接影响到污染场地的修复成本，在具体风险评估时，可以根据各地区社会与经济发展水平选择合适的风险水平。

（2）计算场地风险控制值　场地风险控制值也常称作初步修复目标值，是根据场地可接受污染水平、场地背景值或本底值、经济技术条件和修复方式（修复和工程控制）、当地社会经济发展水平等因素综合确定的，场地土壤和地下水中的污染物修复后需要达到的限值。

计算修复目标值分为计算单个暴露途径土壤和地下水中污染物致癌风险和非致癌危害熵的修复目标值，以及计算所有暴露途径土壤和地下水中污染物致癌风险和非致癌危害熵的修复目标值两种情况。当场地污染物存在多种暴露途径时，一般采取第二种方法，即先计算所有暴露途径的累积风险，再计算修复目标值。

计算单个暴露途径以及综合暴露途径风险控制值的方法可参考《建设用地土壤污染风险评估技术导则》（HJ 25.3—2019）。

二、土壤污染修复设计方案

（一）选择修复技术

根据场地调查与风险评估结果，细化场地概念模型并确认场地修复总体目标，通过初步分析修复模式、修复技术类型与应用条件、场地污染特征、水文地质条件、技术经济发展水平，确定相应修复策略。选择修复策略阶段主要包括细化场地概念模型、确认场地修复总体目标、确定修复策略 3 个过程。

1. 细化场地概念模型

细化场地概念模型，应进一步结合场地水文地质条件、污染物的理化参数、空间分布及其潜在运移途径、风险评估结果等因素，以文字、图、表等方式概化场地地层分布、地下水埋深及流向，描述污染物的空间分布特征、污染物的迁移过程、迁移途径、污染介质与受体的相对位置关系、受体的关键暴露途径以及未来建筑物结构特征等，用以指导修复策略制定、筛选合适的修复技术并提出潜在可行的修复技术备选方案。在修复方案制定的过程中，应根据所制定的修复方案，动态更新场地概念模型，以评估不同修复方案的实施效果。

2. 确认场地修复总体目标

由于土壤的修复周期较长，必要时可将土壤修复总体目标划分为近期、中期和长期不同阶段的修复目标。污染土壤的近、中和长期目标一般可按下列方式划分。①近期目标：切断和控制污染土壤的污染源，防止对土壤的进一步污染。如修建隔离隔断，阻止污染源对土地的进一步污染。②中期目标：消除场地直接的健康风险。如通过空气注射等降低土壤中挥发性有机污染物浓度，使其达到场地居住和工业使用的安全水平。③长期目标：恢复土壤的使用功能。如为农用地，则将污染土地修复后可恢复农耕使用。

3. 确定修复策略

场地修复策略是指以风险管理为核心，将污染造成的健康和生态风险控制在可接受范围内的场地总体修复思路，包括采用污染源处理技术、切断暴露途径的工程控制技术以及限制受体暴露行为的制度控制技术 3 种修复模式中的任意一种或其组合。

对于污染土壤而言，处理目标值应根据风险评估结果、处理技术的特点以及土壤的最终去向或使用方式来综合确定。当采用降低土壤中目标污染物浓度的源处理技术时，处理目标值一般是将土壤中的目标污染物浓度降低到符合土壤再利用用途的风险可接受水平；当采用化学氧化等降低污染物浓度的技术时，还应考虑可能产生的中间产物及控制指标。当采用降低土壤中目标污染物的活性和迁移性控制其风险的固化/稳定化技术时，应根据固化体最终处置地的环境保护要求，确定其浸出浓度限值。待处理介质范围描述应包括需处理的污染土壤的深度、面积与边界、土方量。

（二）筛选与评估修复技术

1. 修复技术筛选

针对确认的污染物类型和污染物特性，根据上一阶段确定的修复策略，依据修复技术类型（污染源处理技术范畴的原位生物、原位物理、原位化学、异位生物、异位物理、异位化学、工程控制技术等）和具体技术工艺（例如异位生物技术类型按工艺又可细分为异位生物堆技术、异位堆肥法技术、异位泥浆态生物处理技术等），利用文献调研、应用案例分析或相关筛选工具，从技术的修复效果、可实施性以及管理部门的接受性、成本等角度进行考虑，筛选出潜在可行的修复技术。

2. 修复技术可行性试验

修复技术可行性试验是确定各潜在可行技术是否适用于特定的目标场地。可行性试验分为筛选性试验和选择性试验。

（1）筛选性试验　筛选性试验的目的是通过实验室小试规模的试验，判断技术是否适用于特定目标场地，即评估技术是否有效，能否达到修复目标。筛选性试验中的试验规模与类型、数据需求、试验结果的重现性、试验周期等具体技术要求如下。

① 试验规模与类型。筛选性试验通常采集实际场地的污染介质，利用实验室常规的仪器设备开展实验室规模的批次试验。

② 数据需求。可用定性数据来评估技术对于污染物的处理能力。筛选性测试的数据若能达到修复目标的要求，则认为该技术是潜在可行的，进一步开展选择性试验过程。

③ 试验结果的重现性。试验至少需要重复 1 次或 2 次。试验过程须有质量保证和质量控制措施。

④ 试验周期。所需的试验周期主要取决于该技术的类型和需考察的参数数量。

通过筛选性试验能够获得的设计方面参数很少，因此不能作为修复技术选择的唯一依据。如果所有进行筛选性试验的技术均难以达到试验目标（均不符合目标），应考虑回到制定修复策略阶段对其进行适当调整。

（2）选择性试验　选择性试验的目的是对筛选性试验结果所得出的潜在可行技术开展进一步试验，确定工艺参数、成本、周期等。通过选择性试验的技术，可进入修复技术综合评估过程。选择性试验中的试验规模与类型、数据需求、试验结果的重现性、试验周期等具体技术要求如下。

① 试验规模与类型。选择性试验在实验室或现场完成，可以是小试或中试。小试应采集实际场地的污染介质，采用不同的工艺组合来试验效果，从而确定最佳工艺参数，并以此估算成本和周期等；中试应根据修复模式、修复技术类型的特点，在现场选择具有代表性的区域进行试验，来验证修复技术的实际效果，以确定合理的工艺参数、成本和周期。选择具有代表性的区域时应尽量兼顾不同区域、不同浓度、不同介质类型。中试所利用的设备通常是基于现场实际应用而按比例加工制造的。

② 数据需求。需用定量数据，以确定技术能否满足操作单元的修复目标以及确定操作工艺参数、成本、周期。

③ 试验结果的重现性。至少需要重复 2 次或 3 次。试验过程须有严格的质量保证和质量控制。

④ 试验周期。选择性试验所需的试验周期估算主要取决于该技术的类型、污染物的监测种类以及质量保证和质量控制所需达到的水平。当选择性试验过程难于选择出合适技术时（均不符合要求），应考虑回到制定修复策略阶段对其进行适当调整。

筛选性试验和选择性试验的各方面对比如表 6-2 所示。

表 6-2　筛选性试验与选择性试验比较

过程	试验规模和类型	数据需求	试验结果重现性	试验周期
筛选性试验	小试,实验室批次试验	定性	至少1次或2次	数天
选择性试验	小试或中试,实验室或现场的批次或连续试验	定量	至少2次或3次	数天、数周至数月

3. 修复技术可行评估

对通过选择性试验的修复技术,可进一步采用列举法定性描述各技术的原理、适用性、限制性、成本等方面来综合评估,或利用修复技术评估工具表,以可接受性、操作性、效率、时间、成本为指标来定量评估得到目标场地实际工程切实可行的修复技术。

(三)形成修复技术备选方案与方案比选

形成修复技术备选方案就是进一步综合考虑场地总体修复目标、修复策略、环境管理要求、污染现状、场地特征条件、水文地质条件、修复技术筛选与评估结果,对各种可行技术进行合理组合,形成若干能够实现修复总体目标、潜在可行的修复技术备选方案。方案比选则是针对形成的各潜在可行修复技术备选方案,从技术、经济、环境、社会指标等方面进行比较,确定适合于目标场地的最佳修复技术方案。形成修复技术备选方案与方案比选阶段主要包括形成修复技术备选方案和方案比选2个过程。

1. 形成修复技术备选方案

修复技术备选方案需包括详细的修复目标/指标、修复技术方案设计、总费用估算、周期估算等内容。

① 详细的修复目标/指标需根据不同的污染介质,按未来使用功能的差异,分区域、分层次制定。

② 修复技术方案设计包括制定修复技术方案的技术路线、确定各修复技术的应用规模、确定涵盖工艺流程与相关工艺参数和周期成本在内的具体的土壤修复技术方案和地下水修复技术方案。修复技术方案的总体技术路线应反映污染场地修复总体思路和修复模式、修复工艺流程;各修复技术的应用规模应涵盖污染土壤需要修复的面积、深度、土方量,污染地下水需修复的面积、深度、出水量,同时应考虑修复过程中开挖、围堵等工程辅助措施的工程量;工艺参数应包括设备处理能力或每批次处理所需时间、处理条件、能耗、设备占地面积或作业区面积等。

③ 总费用估算包括直接费用和间接费用。其中直接费用包括所选择的各种修复技术的修复工程主体设备、场地准备、污染场地土壤和地下水处理等费用总和;间接费用包括修复工程环境监理、二次污染监测、修复验收、人员安全防护费用,以及不可预见费用等。

④ 周期估算包括各种技术的修复工期及所需的其他时间估算。

2. 方案比选

方案比选的主要作用是选择经济效益、社会效益、环境效益综合表现最佳的技术方案,作为场地最终推荐的修复技术方案,为环境管理决策提供依据。方案的比选需要建立比选指标体系,必须充分考虑技术、经济、环境、社会等层面的诸多因素。利用所建立的比选指标体系,对各潜在可行修复技术方案进行详细分析。对于修复技术方案的最终选择,可以采用2种方式:一是利用详细分析结果,通过不同指标的对比、综合判断后,选择更为合适的修复技术方案作为场地修复技术方案;二是利用专家评分的方式,选择得分最高的方案作为场地修复技方案，分值越高，表示该修复技术方案越可行。根据上述程序，确定最终的修复方案。

（四）制定环境管理计划

场地环境监测计划应根据修复方案，结合场地污染特征和场地所处环境条件，有针对性制定。制定场地环境监测计划前首先必须明确污染场地内部或外围的环境敏感目标，对环境敏感目标，要重点关注修复工程对其可能的影响。场地环境监测计划需明确监测的目的和类型、采样点布设、监测项目和标准、监测进度安排。

1. 修复工程环境监测计划

应重点关注修复区域的污染源情况，污染土壤、污染地下水修复处理后的效果，以及修复工程对环境敏感目标可能的影响。

2. 二次污染监测计划

应重点关注修复区域土壤挖掘清理、运输过程、临时堆放、土壤处理过程中产生的废水、废气和固体废物，处理后土壤去向等方面可能发生的环境污染问题，以及环境敏感目标可能的二次污染问题。

3. 制定场地修复验收计划

修复验收计划一方面要关注目标污染物修复效果，同时也要关注政府主管部门和利益相关方公众所关心的其他环境问题。修复验收计划包括验收的程序、时段、范围、验收项目和标准、采样点布设、验收费用估算等，必要时应包括场地修复后长期监测井的设置、长期监测及维护等后期管理计划。

4. 制定环境应急安全预案

为确保场地修复过程中施工人员与周边居民的安全，应制定周密的场地修复工程环境应急安全预案，以保证迅速、有序、有效地开展环境应急救援行动、降低环境污染事故损失。在危险分析和应急能力评估结果的基础上，针对危险目标可能发生的环境污染事故类型和影响范围，对应急机构职责、人员、技术、装备、设施（备）、物资、救援行动及其指挥与协调等方面预先做出具体安排。

（五）编制修复方案

污染场地修复方案报告必须全面准确地反映出场地土壤和地下水修复方案编制（可行性研究）全过程的所有工作内容。报告中的文字须简洁、准确，并尽量采用图、表和照片等形式表示出各种关键技术信息，以利于施工方制定污染场地修复工程的施工方案。

三、修复实施与环境监理

修复实施是指修复实施单位受污染场地责任主体委托，依据有关环境保护法律法规、场地环境调查评估备案文件、场地修复方案备案文件等，制定污染场地修复工程施工方案，进行施工准备，并组织现场施工的过程。环境监理是指环境监理单位受污染场地责任主体委托，依据有关环境保护法律法规、场地环境调查评估备案文件、场地修复方案备案文件、环境监理合同等，对场地修复过程实施专业化的环境保护咨询和技术服务，协助、指导和监督施工单位全面落实场地修复过程中的各项环保措施。

（一）修复实施

修复施工方案包括工程管理目标，项目组织机构，污染土壤分布范围、主要工程量及施工分区，总体施工顺序，施工机械和试验检测仪器配置，劳动力需求计划，施工准备，等。此外还须明确施工质量的控制要点、施工工序与步骤，各修复技术方案中所需的设备型号、设备安装和调试过程等。修复施工方案应根据施工现场条件和具体施工工艺，更新和细化场地环境管理计划，包括二次污染防治措施及环境事故应急预案、环境监测计划、安全文明施工及个人健康与安全保护等内容。施工方案应明确施工进度、施工管理保障体系等内容。

（二）环境监理

对于土壤异位修复工程，可以分为清挖环节、修复环节、回填/外运环节环境监理，具体如下。

1. 清挖环节

可在污染区域边界、侧壁、坑底采样，根据检测数据确定清挖是否达到边界，以避免修复验收阶段发现问题后再次返工，监测点布置可参照异位修复验收技术要求布点；严格控制开挖过程中有机物气味扩散，采取喷洒气味抑制剂等措施避免污染土壤对周边环境产生影响，并在清挖区域周边设置大气监测点进行监测；监督污染土壤外运过程中的封闭措施，避免遗撒等情况产生；监督清挖后土壤堆放地面的防渗情况，对于具有异味的有机物污染物，应检查存储设施密闭情况，并在存储设施周边进行布点监测，监测布点方式具体见《建设用地土壤污染风险管控和修复监测技术导则》（HJ 25.2—2019）。

2. 修复环节

① 重金属污染土壤修复。监督场地地面防渗设施和措施；监督修复工程是否按照实施方案技术参数实施；对修复后土壤进行采样，初步确定修复效果，监督修复后土壤的堆存以备验收，可根据修复工程批次处理量进行采样检测；修复过程中对添加的药剂等可能的二次污染进行监督和管理。

② 有机污染与复合污染土壤修复。包括上述重金属土壤修复监理要点，并需要对处理设施密闭情况、尾气收集处理情况等进行监理，在修复工程周边及场界设置大气环境监测点，周边环境影响监测布点方式具体见《建设用地土壤污染风险管控和修复监测技术导则》（HJ 25.2—2019）。

3. 回填/外运环节

对修复后土壤的回填过程进行监督管理，监督回填土壤是否根据土地利用规划合理回填；监督固化稳定化技术处理土壤的基坑防渗和地表阻隔措施是否完善。

对于土壤原位修复工程，须对修复区域边界进行严格监督管理，并在周边区域设置采样点，避免修复工程对周边土壤和地下水产生影响。

四、修复验收与后期管理

污染场地修复验收是在污染场地修复完成后，对场地内土壤以及修复后的土壤进行调查和评估的过程，主要是确认场地修复效果是否达到验收标准，若需开展后期管理，还应评估后期管理计划合理性及落实程度。场地修复验收的工作内容包括：文件审核与现场勘察、采样布点方案制定、现场采样与实验室检测、修复效果评价、验收报告编制。

根据场地情况，必要时需评估场地修复后的长期风险，提出场地长期监测和风险管理要求。后期管理是按照后期管理计划开展包括设备及工程的长期运行与维护、长期监测、长期存档与报告等制度以及定期和不定期地回顾性检查等活动的过程，目标是评估场地修复活动的长期有效性，确保场地不再对周边环境和人体健康产生危害。

第二节　地表水污染修复工程设计

一、污染排查识别

（一）污染地表水体分级与判定

根据污染程度的不同，将污染地表水体进行污染程度分级。水质检测与分级结果可为污染地表水体整治计划制定和整治效果评估提供重要参考。

1. 评价指标

（1）水质评价指标　根据《地表水环境质量标准》（GB 3838—2002），评价指标包括除水温、总氮、粪大肠杆菌群以外的 21 项指标。

（2）营养状态评价指标　评价指标包括叶绿素、总磷、总氮、透明度和高锰酸盐指数共五项。

2. 布点与测定频率

在进行地表水体污染程度分级时，原则上可沿污染水体每 200~600m 的间距设置检查点，每个水体的检查点不能少于 3 个。一般在水面下 0.5m 处设置取样点，如果水深不足 0.5m，设置在水深的 1/2 处。测定每隔 1~7 日进行一次，总测定次数不少于 3 次。

（二）区域环境监测

确定水体污染物的排放总量及进入水体的污染负荷量，同时确定水体区域污染状况。

1. 水体污染源调查

详细调查水体的污染来源，调查水体附近有关联的已建、在建和拟建项目等的污染源。以收集利用已建项目的排污许可证登记数据、环评及环保验收数据及既有实测数据为主，并辅以现场调查及现场监测。

（1）点源调查　点源是指以点源形式进入水体的各种污染源，包含排放口直排污废水、合流制管道雨季溢流、分流制雨水管道初期雨水或旱流水、非常规水源补水等。调查内容包括污染物来源、排放口位置、污染物类型和排放浓度及排放量，以及上述指标的时间、空间变化特征。

（2）面源调查　面源是指以非点源（分散源）形式进入污染水体的各种污染源，主要包括各类降水所携带的污染负荷、城乡接合部地区分散式畜禽养殖废水的污染等，通常具有明显的区域和季节性变化特征。调查内容包括城市降雨、冰雪融水的污染特征及时空变化规律，城市下垫面特征，畜禽养殖类型及其污染治理情况，等。

（3）内源调查　内源主要是指污染水体底泥中所含有的污染物以及水体中各种漂浮物、悬浮物、岸边垃圾、未清理的水生植物或水华藻类等所形成的腐败物。调查内容包括水体底泥厚度、颜色、嗅味及主要污染物特征，岸边垃圾、水生植物及其腐败情况等。

（4）其他污染源调查　其他污染源主要包括城镇污水处理厂尾水超标、工业企业事故性排放、秋季落叶等，通常属于季节性或临时性污染源。秋季落叶问题在北方地区较为明显，落叶进入水体后将逐渐腐烂并沉入水底，可能形成黑臭底泥。需关注雨污水管网错接所造成的污染问题。

2. 水环境质量现状调查

优先采用国务院生态环境保护主管部门统一发布的水环境状况信息。当现有资料不能满足要求时，应展开现状监测，调查污染水体近3年水环境质量数据，并分析其变化趋势。

3. 周边环境调查

污染地表水体周边环境特征调查的主要目的是确定整治方案中有关工程实施的可操作性，主要包括污染水体周边建筑群特征、城市道路和交通情况、水体沿岸其他基础设施情况等。

4. 水文环境调查

应收集临近水文站已有的水文资料和其他有关水文方面的资料。当资料不足时，应就地开展水文调查与测量，水文调查最好与水质调查同时进行。调查的主要目的是为整治技术的选择和工程量预测提供依据，主要内容包括水体的位置、边界范围、水面大小、水位和水深、流速及流量，以及与周边水系的连通关系等。

二、地表水污染修复方案及技术选择

（一）修复方案设计

各地应结合地表污染水体污染源和环境条件调查结果，系统分析地表水体污染成因，合理确定水体整治和长效保持技术路线。整治方案应体现系统性、长效性，综合考虑生态功能的系统性修复。系统分析污染水体水质及污染物来源，同时参考环境条件及治理目标，筛选技术上可行、经济合理、效果显著的技术方法。进而补充修正地表水污染治理的技术路线，预估所需的工程量、工程时间及工程所需的措施。最后得出地表水污染修复的方案。

（二）修复技术筛选

整治应按照"控源截污、内源治理；活水循环、清水补给；水质净化、生态修复"的基本技术路线具体实施，其中控源截污和内源治理是选择其他技术类型的基础与前提。

1. 选择原则

地表水污染修复技术的选择应遵循适用性、综合性、经济性、长效性和安全性等原则。

① 适用性。地域特征及水体的环境条件将直接影响治理的难度和工程量，需要根据水体污染程度、污染原因和整治阶段目标的不同，有针对性地选择适用的技术方法及组合。

② 综合性。地表水污染通常具有成因复杂、影响因素众多的特点，其整治技术也应具有综合性、全面性。需系统考虑不同技术措施的组合，多措并举、多管齐下，实现地表污染水体的整治。

③ 经济性。对拟选择的整治方案进行技术经济比选，确保技术的可行性和合理性。

④ 长效性。污染水体通常具有季节性、易复发等特点，因此整治方案既要满足近期消除污染的目标，也要兼顾远期水质进一步改善和水质稳定达标。

⑤ 安全性。审慎采取投加化学药剂和生物制剂等治理技术，强化技术安全性评估，避免对水环境和水生态造成不利影响和二次污染。采用曝气增氧等措施要防范气溶胶所引发的公众健康风险和噪声扰民等问题。

2. 技术筛选

在确定了污染物类型和污染特性之后，可根据修复策略，通过查找文献、现场调研、已有案例分析等方法，依据修复技术类型和技术工艺，进行对比分析候选技术对本项目目标污染物质处理的可行性，经过综合比较运行成本、修复效率、主管部门意见和方案的可实施性等，最终选择出理想的修复技术。

修复技术选定之后，一般要进行小试和中试。小试的目的是通过实验室内的小规模试验，检验该修复技术是否适用于目标污染物的去除，也就是检验选择的技术的修复效果是否达标。而中试是在小试试验数据的基础上，进一步确定修复技术运行时的主要参数、运行成本、运行时间和运行周期等。

3. 修复技术方案的确定

根据技术筛选的实验结果，需要确定最终的修复技术方案。该方案需要对比社会、经济、环境、技术等多个指标后，给出最终的修复技术方案。并组织专家组进行评审，经过综合评分，选择得分最高的修复技术方案为最终方案。

三、制定工程监测计划

按工程项目建设期、生产运行期、服务期满后等不同阶段，针对不同工况、不同污染环境影响的特点，提出水污染源的监测计划，包括监测点位、监测因子、监测频次、监测数据采集与处理、分析方法等。明确自行监测计划内容，提出应向社会公开的信息内容。监测因子需与评价因子相协调。地表水环境质量监测断面或点位设置需与水环境现状监测、水环境影响预测的断面或点位相协调，并应强化其代表性、合理性。

四、修复方案效果评估

（一）评估流程

在地表污染水体整治方案制定期间，遴选评估机构。评估机构或相关监测单位须对治理工程实施前的基本情况做摸底调查，并全程跟踪工程实施进展情况，为工程实施效果评估提供依据。工程实施单位应于工程完工后 1 个月内向地方政府相关主管部门提交工程竣工报告。修复工程完工后向评估机构提交评估要求，评估机构须在连续 6 个月的整治效果跟踪基础上，完成评估工作。

（二）评估方法

评估主要采取第三方机构评价法或专家评议法。第三方机构评价法是指由具有工程咨询或环境影响评价乙级以上相关资质的第三方机构组织对整治工程进行评估，并出具相关评估报告的方法。

专家评议法是指由地方人民政府或相关主管部门组织行业专家在实地考察的基础上，对地表污染水体整治效果进行集中评议，并出具专家评议结论意见的方法。

评估专家实行利益规避原则，参与相应地表污染水体整治的第三方评估机构人员、工程实施单位人员、监测机构人员均不得作为评估专家。

五、工程验收

（一）单项工程验收

与工业生产工程同步建设的水污染治理工程应与生产工程同步验收；现有生产设备配套

或改造的水污染治理设施应进行单独验收；在一个建设项目中，能满足生产要求或具备独立运行和使用条件，可进行单项工程验收。

（二）工程的竣工验收

工程竣工后，建设单位应根据法律、相应专业现行验收规范和有关规定，依据验收监测或调查结果，并通过现场检查等手段，考核建设项目是否达到竣工要求。

施工单位在全面完成所承包的工程，经总监理工程师同意后，应向建设单位提出申请，建设单位核实复合交工验收条件后，组织建设、设计、施工、监理、养护管理、质量监督等单位代表组成验收组，对工程质量进行验收。

工程验收应具备的条件有以下几个。

① 生产项目和辅助公用设施，已按施工合同和设计要求建成，能满足生产要求。

② 主要工艺设备安装配套，经负荷联动试车合格，形成生产能力。

③ 环境保护设施、劳动安全卫生设施、消防设施已按设计要求与主题工程同时建成使用。

④ 施工单位按有关规定已编制竣工图、施工文件等竣工资料。

⑤ 质量监督部门已完成工程质量监督总结。

六、环境保护验收

水污染治理工程经环境保护验收合格后，方可正式投入使用运行。宜在自生产试运行之日起的三个月内，向有审批权的环境保护行政主管部门申请该工程的环境保护验收。对生产试运行三个月仍不具备环境保护验收条件的，可申请延期验收，但生产试运行期限最长不能超过一年。

第三节 地下水污染修复工程设计

地下水修复工程的方案原则上应包括场地问题识别、场地修复技术筛选与评估、修复备选方案与方案比选、场地修复方案设计、环境管理计划制定、成本效益分析等几部分，也可根据具体情况，对以上结构进行选择或调整。

一、项目概况

（一）场地基本信息

这部分的内容包括地理位置的具体坐标，周边临近的建筑、设施、河流、村庄、小学、工厂等均需详细说明。厂区内各个构筑物的名称在厂区图上详细标出，并附上文字说明。

（二）项目建设必要性论证

开展工程项目之前，需要进行必要性论证，论证的目的是为了让政府机关和审查专家了解到该工程项目开展的合理性、必要性和安全性理由。首先要列举工程项目符合国家法律法规的要求，同样的，在国家法律法规的支持下，才能顺利开展工程项目的建设。同时还要符合城市总体规划以及区域控制性规划的要求，项目建设要满足保护周边环境（如水体、土壤、空气等）安全的需要以及保障项目区域人民健康的需求。

（三）项目设计的依据

根据项目建设内容，需要将项目开展所需的相关法律法规和标准规范列表展示。除了要列出与地下水污染修复相关的法律法规和标准规范，施工、管理、污染、验收、安全等有关的法律法规和规范标准也考虑在内。

（四）其他文件

工程项目所在的省市区也会有一些城市规划、环境修复、生态管理、经济效益等相关政策性文件，需要加入列表中。

二、地下水污染调查与分析

地下水污染的调查是必要的，只有根据场地环境调查与风险评估结果，才能进一步细化场地概念模型并确定场地修复总体目标，在通过初步分析修复模式、修复技术类型与应用条件、场地污染特征、水文地质条件、技术经济发展水平后，制定相应修复策略

（一）勘察地下水污染情况

根据修复场地的厂区图和地形图，在厂区图上标示出各个地下水监测井的位置，再逐个监测井取样进行水质检测，将每个监测井的水质检测结果列表展示，并筛选出污染严重的监测井及相对应的超标物。根据风险等级，筛选出需要重点修复的污染指标，将每一个污染指标在厂区内的分布及在地层中的分布通过软件模拟出来。

（二）修复目标值及修复范围

要得到达标的地下水水质，就需要限制污染物在地下水中的浓度。因此，根据相关法律法规与标准规范的要求，查得达标水质当中对每种污染物的限制值，根据此值，确定地下水修复的目标值以及修复的范围。

三、场地水文地质条件调查

工程施工之前，需要开展场地的水文地质条件调查。水文条件包括地下水的来源、组成，比如来源于降雨、孔隙水、裂隙水或溶洞水等。场地地质条件包括地下水埋藏条件、边界条件、潜水层含水介质特征等。

四、修复模式及技术筛选

通过修复技术筛选，可找出适用于目标场地的潜在可行技术，并根据需要进行相应的技术可行性试验与评估，确定目标场地的可行修复技术，还可以通过各种可行技术合理组合，形成能够实现修复总体目标的潜在可行的修复技术备选方案。在综合考虑经济、技术、环境、社会等指标进行方案比选基础上，确定适合于目标场地的最佳修复技术。

（一）修复模式的筛选

场地修复模式主要包括三种：原位处理、异位处理、异地处理等。修复模式的选择需要一定依据，一般需要根据场地水文地质条件、污染物分布特征、场地处理成本、施工过程风

险、对周边环境影响以及场地配套设施条件等几方面来进行对比后决定。修复模式可以是单一修复模式，也可以是多种修复模式结合。

（二）技术筛选

针对确认的污染物类型和污染物特性，根据修复策略，依据修复技术类型和具体技术工艺，利用文献调研、应用案例分析或相关筛选工具，从技术的修复效果、可实施性以及管理部门的接受性、成本等角度进行考虑，筛选出潜在可行的修复技术。

在选定修复技术之后，需要进行修复技术可行性试验。修复技术可行性试验可确定各潜在可行技术是否适用于特定的目标场地，分为筛选性试验和选择性试验。筛选性试验的目的是通过实验室小试规模的试验，判断技术是否适用于特定目标场地，即评估技术是否有效，能否达到修复目标。选择性试验的目的是对筛选性试验结果所得出的潜在可行技术开展进一步试验，确定工艺参数、成本、周期等。通过选择性试验的技术，可进入修复技术综合评估过程。

（三）整体修复策略的确定

根据技术筛选的结果，从技术指标、经济指标、环境指标、社会指标等多个指标对比、综合判断后，选择更合适的修复技术方案作为场地修复技术方案。还可以组织专家评审，对不同修复方案的各个指标进行评分，选择得分最高的方案作为场地修复技术方案。

五、地下水修复工程设计

（一）工艺路线设计

修复场地内不仅要有主体处理工艺，还要有与之连接的功能性构筑物，因此需要按照工艺流程，将各个功能构筑物连接起来。为了不引发地下水的二次污染，一般采用异位修复法，即将地下水从地下抽提到地面的处理单元内进行修复；而处理之后的地下水需要再次回灌入地下，因此就形成了抽水井——→处理单元——→回灌井的工艺流程。而采取哪种方法，则根据地下水中的污染物性质来决定。具体方法选择请参看第四章内容。

（二）工艺路线的设计

由于修复场地内存在"抽水——→处理单元——→回灌"这三个单元的内容，因此需要将各单元的设计内容分别描述。

1. 抽水单元的设计

在"抽水"单元，就涉及抽水井的布设，要按照代表性原则、均匀性与协调性原则、科学性原则来设计抽水井位置、抽水井间距以及井群布局等。

布设抽水井，首先要掌握修复场地区地下水流场情况，选择含水层透水性和富水性好、地下水径流条件好的地方布设。

选择好抽水井的位置后，进行抽水井结构的设计，包括主井尺寸与深度，输水管、隔水管和透水管的选材与管径，隔水滤料和透水滤料的选材，流量计、潜水泵的选型和个数，电源开关控制器的功率和型号等等。

确定抽出处理量。根据美国环境保护署（EPA）及国内的地下水修复案例经验，采用抽出处理技术进行地下水修复，地下水抽出处理量一般为地下水容积储水量的 $2\sim4$ 倍，较多采用 3 倍作为地下水修复设计处理量，比如，地下水容积储水量为 12 万 m^3，那么抽出量就可以设计为 36 万 m³，每天抽出处理总量设计为 1200m³，则抽出处理工期约为 300 天。

目前常用的抽水泵有离心泵和潜水泵，对于埋深较深的地下水，离心泵扬程有限，因此优先选择深井潜水泵作为地下水修复工程的抽水泵。根据抽水井出水量的不同，结合抽水井口径、水位埋深及推算的水位降深值等，选择相应的水泵型号并进行安装。

抽水管网的布设要求是节约用地、节约成本、不影响土壤修复，同时，尽量保持直线管路，避免水流过程中水头损失过大。一般抽水管选择 PE 材质。

2. 处理单元的设计

首先确定出水水质要求，按照《地下水质量标准》（GB/T 14848—2017），确定各污染物的修复目标值。确定处理单元各构筑物的流程，并根据公式计算出每个构筑物的个数、有效容积、最大水力停留时间以及日处理水量。最后，根据计算结果进行参数的设计。

比如，地下水抽提出来之后，都要进入收集池，收集池是为了保证地下水处理系统能够连续稳定地运行，进行水质、水量的调节的构筑物。经过计算之后，就需要确定进水收集池的材质、数量、有效容积、最大水力停留时间、水面超高、尺寸以及单座重量等，为有序施工更有效率，需要将收集池外形、外部形态、内部构造、直径、高度、地基深度等具体信息详细地标注在图纸上。而各种管道管径、弯头、阀门的尺寸、大小、选型和个数等信息，也需要详细地、以列表的形式绘制在施工图的显著位置。

3. 回灌单元的设计

回灌单元的设计需要满足以下要求。①满足水质要求。处理之后的回灌水要求达到收纳水体的水质要求，才能回灌到地下。因此，回灌水必须处理达标后方可回灌，避免对地下水造成二次污染，影响地下水修复工期，增加修复成本。②满足地下水位要求。回灌的水量应与抽水量保持平衡。此外，水位不宜过高，避免衍生出新污染。③满足工程进度要求。地下水抽出后很难在短时间内恢复水量、水位，必须采取回灌措施，否则地下水抽空后，地下水完全恢复需要几天，会导致工程停滞，影响施工进度及交地进度。④满足地层稳定要求。应满足抽出水量与回灌水量必须保持平衡，避免地下水被抽空，导致地层下沉、地面塌陷等事故。

回灌井的布设要确保回灌水量的平衡，充分分析场地岩土性质及地下水流场，回灌井优先布设在地下水富水区及流场的上游及抽水影响范围。布设方法可采用正方形网格布点法、六边形布点法、三角形布点法。回灌井的平面布置应考虑回灌速度比抽水速度慢很多，所以回灌井的数量应该大于抽水井数量，确保抽出-回灌平衡。

回灌井结构包含主井、隔水管、隔水滤料、透水管、透水滤料、输水管、流量计、电源开关控制器、水位变化感应器等。与抽水井不同，此处的透水管涵盖整个含水层，这样可以快速补充含水层。

地下水回灌量设计参照注水试验及水文地质勘察报告书来设计。回灌水管网布设的要求与抽水管网布设相同。

4. 修复场站平面设计

地下水修复站位置的选择对地下水修复的成本、进度具有重要影响，场站位置直接关系到地下水的收集、处理和回灌，要综合考虑土壤修复、交地时序、地下水污染范围、地下水日抽出总量、作业场地占地面积及修复成本等。修复场站内可设置不同功能区，比如办公区、地下水处理修复区、废物堆积区、构筑物之间的绿化和道路等。

六、场地清理与恢复

地下水污染修复（防控）工程完成后，满足下列条件之一时，应对修复（防控）系统进行清理。

① 场地修复（防控）系统已关闭。

② 制度化控制或工程化控制不再继续实施。

场地清理的内容包括修复场地拆除、设备拆除、抽水井封井、注水井封井、管网拆除、生活办公区拆除等，清理现场垃圾，确保交付现场达标。应在场地清理完成后，对场地地形地貌进行恢复，包括地表凸起地块平整、收集池与清水池回填，确保场地标高恢复原状。

对于地下水修复区域，修复过程中加强对地下水的监控，跟踪监测地下水修复效果，修复后地下水必须达标回灌，建议日后开发的地下空间（如车库）应严格做好混凝土密封工作。

七、工程实施检测方案

（一）地下水修复实施定期监测

在地下水修复过程中，要经常跟踪监测和控制各指标值的变化，监控内容包括：地面处理站处理前水质、地面处理站处理后水质、地下水污染浓度变化、污染范围变化等。监测需要布设监测井，一般布设在污染羽重污染区、污染羽边界、污染羽上游和下游、污染羽两侧、地下水背景点等地区。处理系统出水至少每2周监测一次，地下水监测点每个月至少监测1次，观察地下水动态变化情况。

（二）二次污染定期监测

对于部分采用化学方法修复地下水的工艺，需要监控回灌水水质，避免化学药剂进入地下水，带来二次污染。二次污染监测井布设点要求在污染源区至少设置1口监测井，用于监测源区的污染羽流；污染源区下游的污染羽流内至少设置1口监测井；地下水污染羽流前缘的下游至少设置1口控制井；在污染羽流的中心线上至少设置3口监测井；地下水监测布点应结合均匀性的原则，同时，污染羽边界、上游、下游均需布点。为了观察地下水动态变化情况，地下水监测点每个月至少监测2次。监测标准参照《地下水质量标准》（GB/T 14848—2017）Ⅳ类水标准进行。

八、地下水修复验收

污染场地修复验收是在污染场地修复完成后，对场地内土壤和地下水进行调查和评价的过程，主要是通过文件审核、现场勘察、现场采样和检测分析等，进行场地修复效果评价，主要判断是否达到验收标准，若需开展后期管理，还应评估后期管理计划合理性及落实程度。在场地修复验收合格后，场地方可进入再利用开发程序，必要时需按后期管理计划进行长期监测和后期风险管理。

修复验收工作内容包括场地土壤和地下水清理情况验收、场地土壤和地下水修复情况验收，必要时还包括后期管理计划合理性及落实程度评估。后期管理是按照后期管理计划开展包括设备及工程的长期运行与维护、长期监测、长期存档与报告等制度、定期和不定期的回顾性检查等活动的过程。

污染场地修复验收工作程序包括文件审核与现场勘察、确定验收对象和标准、采样布点方案制定、现场采样与实验室检测、修复效果评价、验收报告编制六步，工作程序流程如图6-2所示。

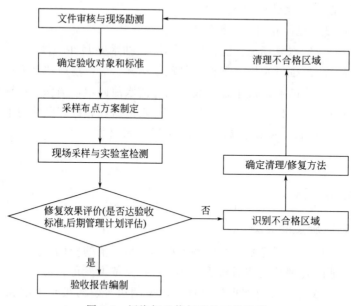

图 6-2　污染场地修复验收工作程序

第四节　大气污染评估

一、大气环境现状评价过程

（一）空气质量现状调查方法

空气质量现状调查方法有现场监测法、收集已有资料法。资料来源分三种途径，可视不同评价等级对数据的要求采用。

① 收集评价范围内及邻近评价范围的各例行空气质量监测点的近三年与项目有关的监测资料。

② 收集近三年与项目有关的历史监测资料。

③ 进行现场监测。

收集的资料应注意资料的时效性和代表性，监测资料能反映评价范围内的空气质量状况和主要敏感点的空气质量状况。一般来说，评价范围内区域污染源变化不大的情况下，监测资料三年内有效。监测时间选取应符合技术导则中关于监测制度的要求。

监测点位的设置应根据项目的规模和性质，结合地形复杂性、污染源及环境空气保护目标的布局，综合考虑监测点设置数量。对于地形复杂、污染程度空间分布差较大、环境空气保护目标较多的区域，可酌情增加监测点数目。对于评价范围大，区域敏感点多的评价项目，在布设各个监测点时，要注意监测点的代表性，环境监测值应能反映各环境敏感区域、各环境功能区的环境质量，以及预计受项目影响的高浓度区的环境质量，同时布点还要遵循近密远疏的原则。具体监测点位可根据局部地形条件、风频分布特征以及环境功能区、环境空气保护目标所在方位做适当调整。各监测期环境空气敏感区的监测点位置应重合。预计受项目影响的高浓度区的监测点位，应根据各监测期所处季节主导风向进行调整。

（二）空气质量现状监测数据的有效性分析

对于空气质量现状监测数据有效性分析，应从监测资料来源、监测布点、点位数量、监测时间、监测频次、监测条件、监测方法以及数据统计的有效性等方面分析是否符合导则标准以及监测分析方法等有关要求。

对于日平均浓度值和小时平均浓度值既可采用现场监测值，也可采用评价区域内近三年的例行监测资料或其他有效监测资料，年均值一般来自例行监测资料。监测资料应反映环境质量现状，对近年来区域污染源变化大的地区，应以现状监测资料和当年的例行监测资料为准。对于评价范围有例行空气质量监测点的，应获取其监测资料，分析区域长期的环境空气质量状况。

（三）大气环境现状调查与大气环境质量现状监测与评价

区域大气环境质量现状主要通过对现状监测资料和区域历史监测资料进行统计分析进行评价，评价方法主要采用对标法。对照各污染物有关的环境质量标准，分析其长期浓度（年均浓度、季均浓度、月均浓度）、短期浓度（日平均浓度、小时平均浓度）的达标情况。

（1）监测结果统计分析内容　监测结果统计分析内容包括各监测点大气污染物不同取值时间的浓度变化范围，统计年平均浓度最大值、日平均浓度最大值和小时平均浓度最大值并与相应的标准限值进行比较分析，给出占标率或超标倍数，评价其达标情况，若监测结果超标，应分析其超标率、最大超标倍数以及超标原因，并分析大气污染物浓度的日变化规律，以及分析重污染时间分布情况及其影响因素。此外，还应分析评价范围内的污染水平和变化趋势。

（2）现状监测数据达标分析　统计分析监测数据时，先以列表的方式给出各监测点位置、监测内容以及监测方法等内容。

在分析处理各时段监测数据时应反映其原始有效监测数据，小时、日均等监测浓度应是从最小监测值到最大监测值的浓度变化范围值，即 $C_{min} \sim C_{max}$ 的浓度，并分析最大浓度 C_{max} 占标率和监测期间的超标率以及达标情况。

参加统计计算的监测数据必须是符合要求的监测数据。对于个别极值，应分析出现的原因，判断其是否符合规范的要求，不符合监测技术规范要求的监测数据不参加统计计算，未检出的点位数计入总监测数据个数中。

（四）大气环境现状调查评价因子的选择

评价因子是指进行环境质量评价时所采用的对表征环境质量有代表性的主要污染因子。评价因子选择正确与否，关系到评价结论的可靠程度。

评价因子主要通过污染源评价来获取。一般选择那些能反映大气质量状况和在大气环境中起主要作用的因子，如排放量大、浓度高、毒性强、经济损失大的污染物。目前，我国大气环境评价中常见的评价因子有以下几个。

① 颗粒物：可吸入颗粒物、总悬浮颗粒物。

② 有害气体：二氧化硫、二氧化氮、一氧化碳、光化学氧化剂、氟化物等。

③ 有害元素：重金属（如铅、汞等）。

④ 有机物：苯。

在具体进行大气环境现状评价时，可从上述因子中选择几项，同时可根据具体评价对象加以补充。

二、烟气脱硫工艺设计

为贯彻执行《中华人民共和国环境保护法》《中华人民共和国大气污染防治法》及各行业的大气污染物排放标准，满足节能减排、资源综合利用及清洁生产的要求，根据中华人民共和国国家标准《烟气脱硫工艺设计标准》（GB 51284—2018）中的有关规定，须妥善进行烟气脱硫及处理脱硫过程产生的三废，满足相应的排放标准和总量控制的要求。燃煤烟气应先进行除尘，并使烟气含尘量小于 $400mg/m^3$（273K，101.325kPa）。当脱硫渣需资源化利用时，进入脱硫塔的烟气含尘量不宜大于 $100mg/m^3$（273K，101.325kPa）。

脱硫装置一般由脱硫剂制备与输送系统、吸收系统、脱硫渣处理系统、烟气系统、自控和在线监测系统等组成。脱硫装置的设计，应采取有效的隔声、消声、绿化等降低噪声的措施。脱硫剂的储运、制备系统应有控制扬尘污染的措施。

1. 工艺选择

烟气脱硫工艺应根据原烟气组分、原烟气颗粒物中有害组分对吸收剂性能及脱硫副产物质量的影响选择，优先选择占地面积小、流程简洁的工艺。脱硫剂的选择应充分考虑当地可用的各种脱硫剂资源、运输条件，并结合脱硫渣的利用与处置情况、技术经济指标，经综合比选后确定。采用粉状脱硫剂时，物料装卸区的设置应考虑风向。采用碱性废渣如电石渣、白泥等作脱硫剂时，脱硫剂制备系统优先考虑布置在便于物料运输的地方。尾排二氧化硫、酸雾、颗粒物等排放浓度应满足环境质量标准和排放总量要求。对含氟较高的烟气，防腐材料中不得含有玻璃成分。原烟气温度满足烟气脱硫工艺要求的前提下，宜回收原烟气的余热。余热回收宜采用低温省煤器、热管锅炉等高效换热设备。

2. 设计基础资料

设计基础资料应包括：标准状态、湿基、实际含氧量条件下的烟气量及波动范围；标准状态、干基、实际含氧量条件下的烟气组分浓度及波动范围；烟气温度及波动范围（℃）；烟气压力及波动范围（Pa）；净烟气排放要求；吸收剂来源及特性；副产物要求；工艺水及公用工程资料；所在地气象资料；水文地质资料；选择的主体装置生产工艺的特点及操作制度。

3. 设备的选择与布置

脱硫设备的选择和布置应符合脱硫装置长期安全可靠运行的要求。设备应按照工艺流程、物料顺序布置，满足烟道和管道短捷、顺畅的要求；在满足安全、生产、维护及消防要求的前提下应合理利用地形条件，布置紧凑。

环境、安全存在隐患的吸收剂制备系统及储存场地，应布置在人流相对集中区域的常年最小频率风向的上风侧或主导风向的下风侧。

吸收塔宜室外布置，高寒地区应采取防冻措施。吸收塔选型应满足结构简单、脱硫效率高、阻力小、操作维护方便、投资及运行费用低的要求。吸收塔应设置除雾器，塔内除雾器应设冲洗装置并满足雾滴捕集效率高、阻力小、易冲洗、耐腐蚀、方便维护的要求。进入脱硫塔前的烟气温度超过150℃时宜设置必要的烟气降温系统,进入脱硫塔前的烟气温度偶尔超过150℃时宜设计应急降温设施。脱硫后烟气应经除雾器脱水后才能进入烟囱,除雾器出口烟气中雾滴的设计浓度宜小于75mg/m³

主体装置风机满足脱硫装置要求时,不宜再设增压风机。增压风机选择参数的应有裕量,风量不宜小于最大设计工况下烟气量的110%。另加不应小于100~150℃的温度裕量;增压风机的全压宜为最大设计工况下压头的1.2倍;增压风机数量应根据主体装置和脱硫装置合理匹配的原则,经技术、经济比较确定,增压风机不适合设备用机器。湿法烟气脱硫增压风机宜布置在吸收塔或烟气预处理之前的干烟气段,烟气循环流化床法、喷雾干燥法烟气脱硫的增压风机宜布置在除尘器之后。

氧化风机布置应满足浆池空气温度低于吸收塔循环浆液温度的要求,宜采用罗茨风机或离心风机,需设1台备用。

寒冷、多风、多沙地区,泵应该布置在室内。循环泵的过流部件应能耐固体杂质(颗粒)磨损、耐酸腐蚀、耐高氯离子腐蚀。浆液循环泵的流量应根据液气比计算的循环浆液量确定,扬程应根据输送介质特性、吸收塔(浆池)液位、喷淋液进塔(喷嘴)压力、管道及阀门阻力、设备布置等通过计算确定,流量宜取最大喷淋量的110%,扬程应满足极端条件下最高扬程的120%。浆液循环泵、清液泵的流量和扬程应根据输送介质特性、吸入侧设备和输出侧设备的操作参数、设备布置等通过计算确定,流量宜取最大喷淋量的110%,扬程应满足极端条件下最高扬程的120%。浆液循环泵吸入侧宜设置过滤网,过滤网孔面积不宜小于循环泵入口管道截面面积的3.5倍。常用的流体输送设备需要设置备用,浆液循环泵可按多一倍设置,涉及浆液的备用泵其进出管路也应设置备用。

烟气加热器应根据烟气特点、工艺要求、场地条件,经技术、经济比较后确定,宜选择管式换热器、回转式换热器;烟气加热器出口气体温度不宜小于80℃;当采用回转式换热器时,漏风率不应大于1%;换热器受热面应采取防腐、防磨、防堵塞、防沾污等措施。

脱硫渣处理系统的处理能力应大于系统最大脱硫渣量的150%。多套脱硫装置合用一套渣处理系统时,渣处理系统中的主设备宜配置2台设计能力均为总处理能力75%以上的相同设备。

当选用压滤机作脱水设备时应充分考虑其间歇运行的特点,设置不小于4h容量的缓冲池/罐。

烟道系统的设计应尽可能降低烟气的阻力,避免出现急弯,必要时设置导流板,烟道上应设置足够数量的膨胀节(伸缩节)。所有烟道均应进行保温,且要充分考虑烟气因温度和湿度变化而可能造成的腐蚀。

4. 管道敷设

管道敷设应根据总平面布置、管内介质、操作、检修、经济等因素确定,平面及空间布置应与主体装置协调统一。管道宜与建筑物及道路平行敷设,干管宜靠近主要用户或支管多的一侧。寒冷地区室外管道应采取防冻措施,间断性输送被体管道宜采用蒸汽伴热或电伴热。管道敷设坡度应根据输送介质特性和流动方向确定。

5. 自控及在线监测

脱硫装置应根据工艺要求对主要工艺参数实施在线监测,宜采用分散控制系统(DCS),应包括数据采集和处理系统(DAS)、模拟量控制系统(MCS)、顺序控制系统(SCS)。

脱硫装置应配备自动控制系统,具有完善的模拟量控制、顺序控制、联锁保护、报警等功能，设集中和现场两种操作方式。自控系统应对脱硫装置的脱硫剂浓度、脱硫液 pH 值、液位、系统阻力、烟气温度、循环泵电流、物料消耗等主要参数进行监控。多套脱硫装置宜合用一套控制系统进行集中控制。

参考文献

［1］ 环境保护部.工业锅炉及炉窑湿法烟气脱硫工程技术规范：HJ 462—2009。

［2］ 国家环境保护总局.火电厂烟气脱硫工程技术规范　石灰石/石灰-石膏法：HJ T179—2005.

［3］ 生态环境部.环境影响评价技术导则　地表水环境：HJ 2.3—2018.

［4］ 环境保护部.工业企业场地环境调查评估与修复工作指南（试行）.2014-11.

［5］ 金笙，刘冰，刘鑫.区域环境影响评价及其方法论［J］.辽宁大学学报（哲学社会科学版），2007（02）；88-89.

［6］ 刘天齐，黄小林，邢连壁，等.三废处理工程技术手册　废气卷［M］.北京：化学工业出版社，1999.

［7］ 南宁化工集团有限公司.南化公司污染地块治理与修复工程——地下水修复可行性研究及设计方案.2018-06.

［8］ 上海市环境保护局.上海市地表水水质自动监测站建设验收技术规范（试行）.2016-06.

［9］ 住房和城乡建设部.城市黑臭水体整治工作指南.2015-09-11.